ものづくりの理想郷

日本酒業界で
今起こっていること

山本典正
Yamamoto Norimasa

dZERO

まえがき

真っ暗な夜、日課のランニングをしているとふと不思議な感覚になることがある。闇《やみ》の中、暖かな光が目の前に近づいてくる。その光が私たちの酒蔵《さかぐら》だ。だれかが電気をつけて作業をしているのだろう。夏は蛍《ほたる》が飛び交い、蛙《かえる》が口々に歌う過疎地にある蔵から、まぶしいような神々《こうごう》しさを感じる。その光の中で闊達《かったつ》に働く若者たちの姿がある。蒸《む》し釜《がま》の準備をする者、麹《こうじ》を運ぶ者、タンクを洗う者、それぞれの目は真剣で、かつ俊敏に動き、時に的確に次の作業を指示しあう。蔵全体が、いや彼ら自身が光を放っているのだ。

私は和歌山県海南《かいなん》市にある平和酒造《へいわしゅぞう》という小さな酒蔵の経営者である。私の実家、山本家が酒造りを始めたのが一九二八（昭和三）年で、私は四代目にあたる。大学を卒業後、東京の人材ベンチャー企業で働いたのちに、二〇〇四（平成一六）年、「斜陽産業」といわれる日本酒業界に帰ってきた。

日本酒業界がどれほど斜陽かというと四〇年以上も右肩下がりを続けていて、ピーク時の一九七三（昭和四八）年に比べると、その市場は三分の一に縮小している。

ある人から言わせれば暴挙だそうだ。「お先真っ暗」な業界に実家だからということで戻るのは。だが、継いだ理由は後継者としての責任感ではない。日本酒業界に未来を感じたからだ。真っ暗どころか雨上がりの青空にかかる虹みたいな未来を。

閉塞《へいそく》感ばかりの斜陽産業だからこそ、私のような若者にブレイクチャンスがあるかもしれない。そう信じた一〇年前。私が感じていた可能性はもはや確信になった。

私は、人材育成や酒造りのシステムなどあらゆる面において、日本酒業界にこれまで見られなかった新しいモデルを試してきた。まだまだやらなければならないことは山積だし、相変わらず業界自体は右肩下がりではあるけれど、平和酒造は右肩上がりで業績を伸ばすことができている。

同時に、優秀な人材も続々と集まってきた。労働人口減少のあおりで大企業が人材確保に汲々《きゅうきゅう》とするなか、和歌山の田舎町に酒造りに情熱をもった若者たちが東京を含む全国から入社してきた。これはちょっとした奇跡ではないだろうか。

私が言うまでもなく、日本の経済や産業は大きな転換点を迎えている。これまで常識だった大企業主導型の産業は立ちゆかなくなるかもしれない。一方で、ベンチャーのあり方も多様化してきて、これまでのように「ただ新しいものを探る」だけがベンチャーの道ではない。

大企業が取りこぼしているものや、「古い」「採算が合わない」という理由から打ち捨てられているもののなかに、宝の山が眠っているかもしれない。たとえば自然や地域の環境をベースにしたものづくりであり、そのなかの一つが日本酒造りである。

本書は、平和酒造のみを紹介することを目的としていない。「変わりつつある日本酒業界とそのなかでの平和酒造の試みについて執筆してもらえないか」というオファーをいただいたとき、躊躇《ちゅうちょ》がなかったわけではない。平和酒造の業績は好調とはいえ、まだまだ発展途上であり、和歌山の一蔵元の私に何が書けるのかと思った。けれども、日本酒業界がこれまでとは違うのは確かであり、その現状を紹介できるよい機会になるかもしれないと考え、筆をとることにした。

私のような若い後継者は、全国各地に大勢いる。ちょっと生意気だが、日本酒業界の若返りと元気ぶりを紹介したいと考えている。ひいては、不況しか知らない私と同世代の人たちに、右肩下がりとか低成長などという言葉に引きずられることなく、チャンスを見つけてほしいという思いがある。

私たちが目指すのは「ものづくりの理想郷」である。日本全国から集まってきた若い蔵人《くらびと》（平和酒造では従業員すべてをこう呼んでいる）たちは、自然の恵みと日本の気候風土を土台とした「酒造り」に人生を懸けたいと考えている。大学生の人気企業ランキングからは見えてこない、新しい時代の若者の仕事に対する思いと日々私は接している。

働くとはどういうことなのか、日本のものづくりとは何か。こういう時代だからこそ、若い人たちに向けて一緒に考えてみたい。それが本書のもう一つのテーマになっている。

二〇一四年一一月

山《やま》本《もと》典《のり》正《まさ》

目次◆ものづくりの理想郷

第一章 〈伝統〉と〈ものづくり〉の復権

第二章　〈伝統〉を守り、〈旧習〉を壊す

第三章　〈脱・季節労働〉の雇用システム

第四章　〈脱・職人気質〉の組織づくり

第五章 〈脱・匠〉のものづくり

ものづくりの理想郷

日本酒業界で今起こっていること

序　章　〈斜陽〉の次にくる〈夜明け〉

市場はピーク時の三割に

この本の読者には、日本酒ファンもいれば、日本酒を一度も口にしたことがない人たちも少なくないだろう。そこで、本題に入る前に、日本酒業界の現状について、その概要を紹介しておきたい（「日本酒」は厳密にいえば「どぶろく」などのにごり酒も含むが、本書では清酒と同じ意味で使っている）。

ひとことで言えば、日本酒の市場は超長期縮小傾向だ。消費量は下降線をたどり、日本酒業界は自他ともに認める斜陽産業である。

日本酒の市場規模は一九七三（昭和四八）年がピークだった。日本が政治的にも経済的にも活気にあふれていた時期と重なる。当時の日本人は、大いに働き、大いに日本酒を飲んだに違いない。

しかし、この年を境に、日本酒の市場は縮小しはじめた。国税庁の資料によれば、一九七三年に一七六万六〇〇〇キロリットルあった出荷量が、二〇一一（平成二三）年には六〇万三〇〇〇キロリットルにまで落ち込んでいる。じつに三分の一にまで縮小している。そして現在も、下げ止まっていない〈17ページ図1〉。

まえがきでも書いたように、私は京都の大学を卒業後に東京へ出て、創業したばかりの人材関連のベンチャー企業に就職した。複数の大企業からの誘いもあったが、最終的には家業の蔵を継ぎたいと考えていたので、多くを学べるベンチャーに飛び込んだのだ。そのベンチャーでは、朝から晩まで働き、ときには会社に泊まることもあった。

社長には最初から、蔵を継ぐ可能性があることは伝えてあった。仕事にやりがいも感じていたが、「これ以上長くいると、やめるときに会社に迷惑がかかる」と考え、二〇〇四(平成一六)年、三年弱で和歌山に帰ってきた。

家業を継ぐのだから、まったく何もないところからビジネスを立ち上げるベンチャーに比べれば楽かもしれない。しかし、その有利さがかすんでしまうくらいに、日本酒業界はきびしい状況にあった。

なぜ「斜陽」なのか

斜陽とか衰退とか言われる産業にはいろいろあるが、十把《じっぱ》一絡《ひとから》げに論じることはできない。

急激に成長して急激に陰ってしまう産業は、あだ花だったりバブルだったりするので、将来性がない場合が多い。しかし、長い時間をかけて縮小してきた産業のなかには、まさに日本酒がそうなのだが、考え方ややり方によっては、V字回復が期待できるものが少なくないのではないか。

日本酒に限らず、日本人の生活に長く寄り添ってきたにもかかわらず、斜陽となってしまったのは、当然のことながら、かつての顧客が高齢化し、とってかわるべき新規の顧客が増えていないということだ。新規の顧客を得られない理由は、そこで生み出されているものに魅力がないか、魅力あるものが生み出されているのに消費者に伝わっていないか、そのどちらかである。

その背景には、そこで働く人たちの考え方や気分がある。斜陽産業で長く働いている人たちは、右肩下がりに慣れ、あきらめてしまい、「ダメスパイラル」に陥っている。そうなると、魅力ある商品を生み出そうという気持ちにもならないし、仮に商品に魅力があっても、それを消費者に伝える努力をしない。

つまり、斜陽産業の多くで、実は魅力的な商品が生み出されているのに、それを消費者に届ける努力がなされないということが起きている。

少なくとも日本酒業界においては、ここ数年、魅力的なものが次々と生み出されている。ただ、それが消費者に伝わっていない。伝える努力がされてこなかったからだ。

戦後から高度成長期にかけて若い世代から高齢者まで大いに飲まれた日本酒だが、現代の日本人、とりわけ若い世代には支持されていない〈17ページ図2、19ページ図3〉。

図1　日本酒（清酒）の出荷額

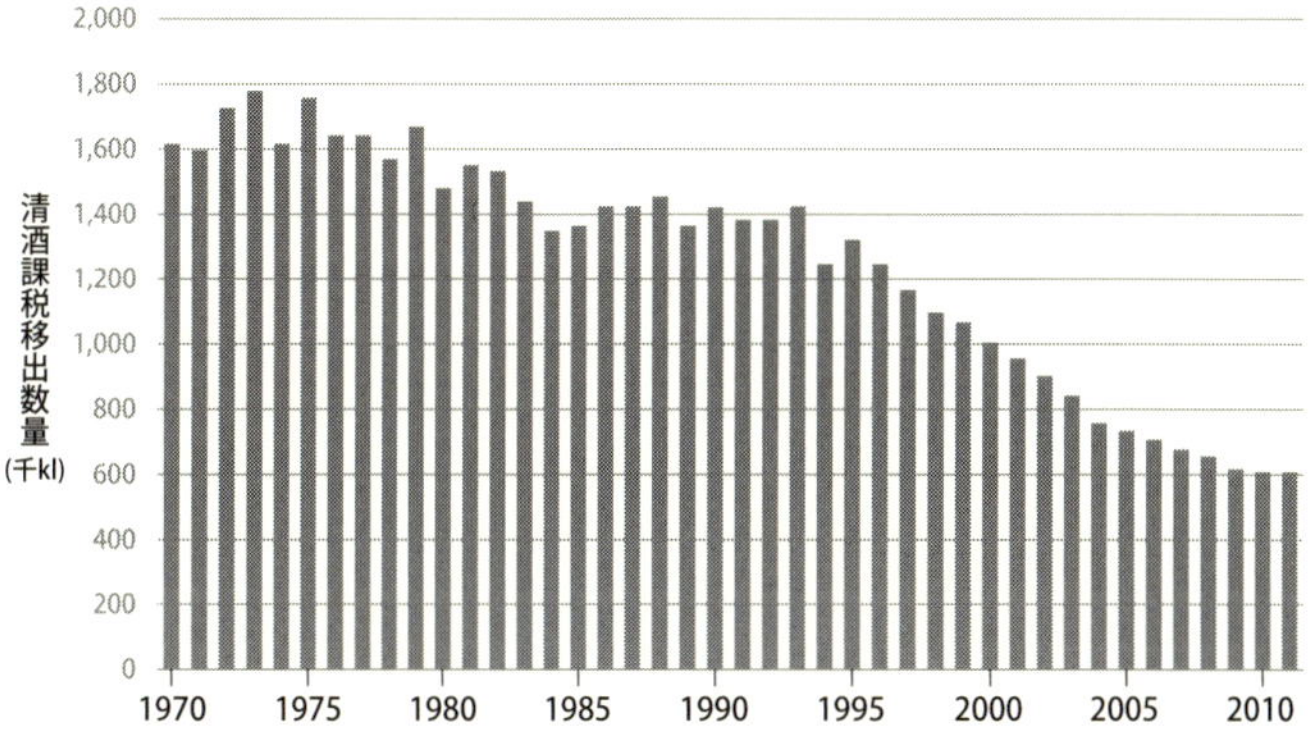

＊清酒課税移出数量。事業所間の移出（非課税）は含まない
＊「清酒業界の現状と成長戦略」（日本政策投資銀行地域企画部、2013年9月」より。国税庁「酒のしおり」より日本政策投資銀行が作成

図2　酒類の販売（消費）数量構成比の推移

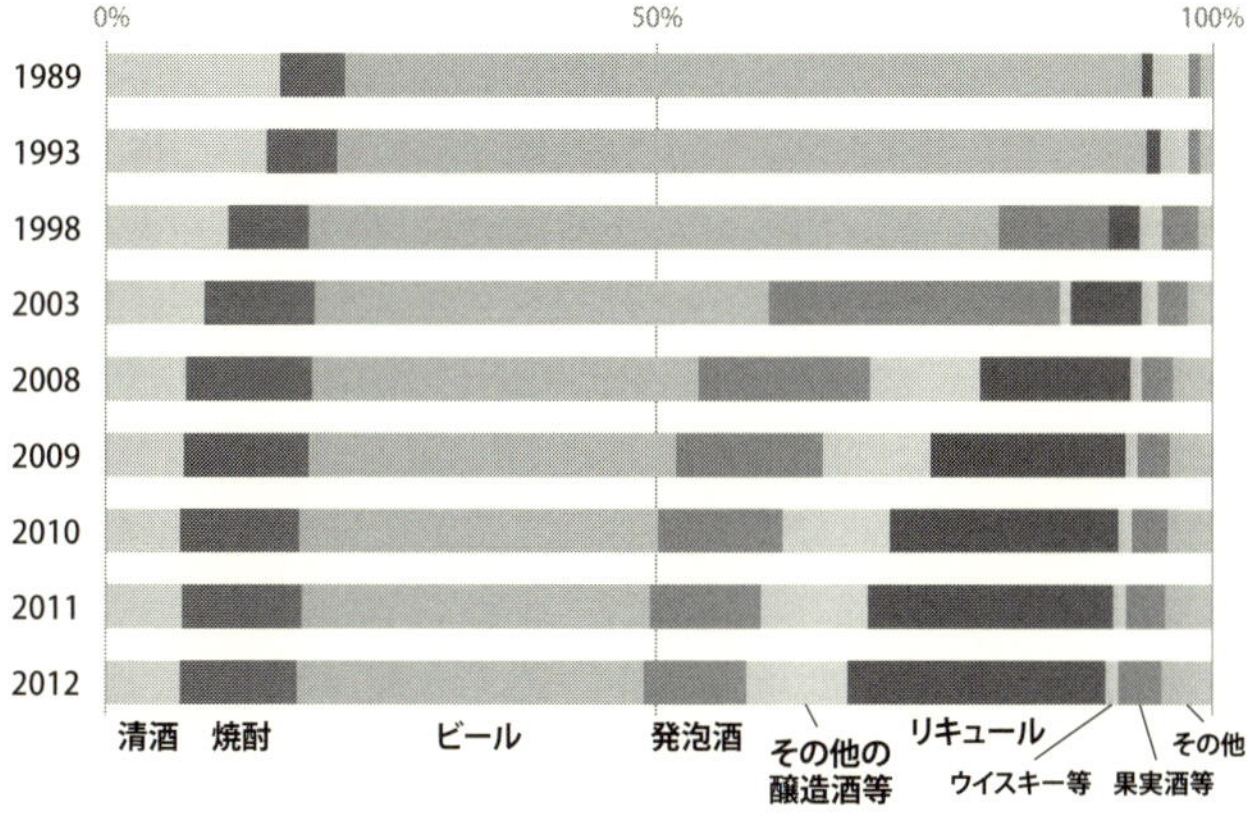

＊「酒のしおり」（国税庁、平成26年3月）より

若い世代では日本酒に限らず酒離れが進んでいるようだが、そのなかでも、日本酒離れが著しい。

その理由は一つではないだろうが、結局は、若い世代が日本酒に魅力を感じていないことに尽きる。悪酔いすると思っているのだろうか、気楽に飲めないと思っているのだろうか、おいしいと思っていないのだろうか、飲む姿がかっこよくないと思っているのだろうか。

もしそうだとすれば、その誤解を解かなければならない。確かに、戦後間もないころ、粗悪な日本酒が大量に製造されていた時期もあり、そのときの味やイメージが日本酒全体のイメージとして定着し、彼らの親の代から伝わっている面もあるだろう。しかし、それだけではない。日本酒を造っているのは、ごく一部の大企業を除けば、全国に点在する小さな蔵元ばかりだ。廃業する蔵元も後を絶たない〈19ページ図4〉。マンパワーも資金力も十分でないため、宣伝力や発信力がない。大手企業が扱うビールや発泡酒と違い、その魅力がほとんど消費者に伝わっていないことが一番の理由だと私は考える。

長い間「ダメスパイラル」の中にいると、右肩下がりはトレンドであり「どうしようもない」とあきらめがちだ。しかし、まったく別の視点で斜陽産業を眺めれば、チャン

図3　各世代が家飲みする酒類

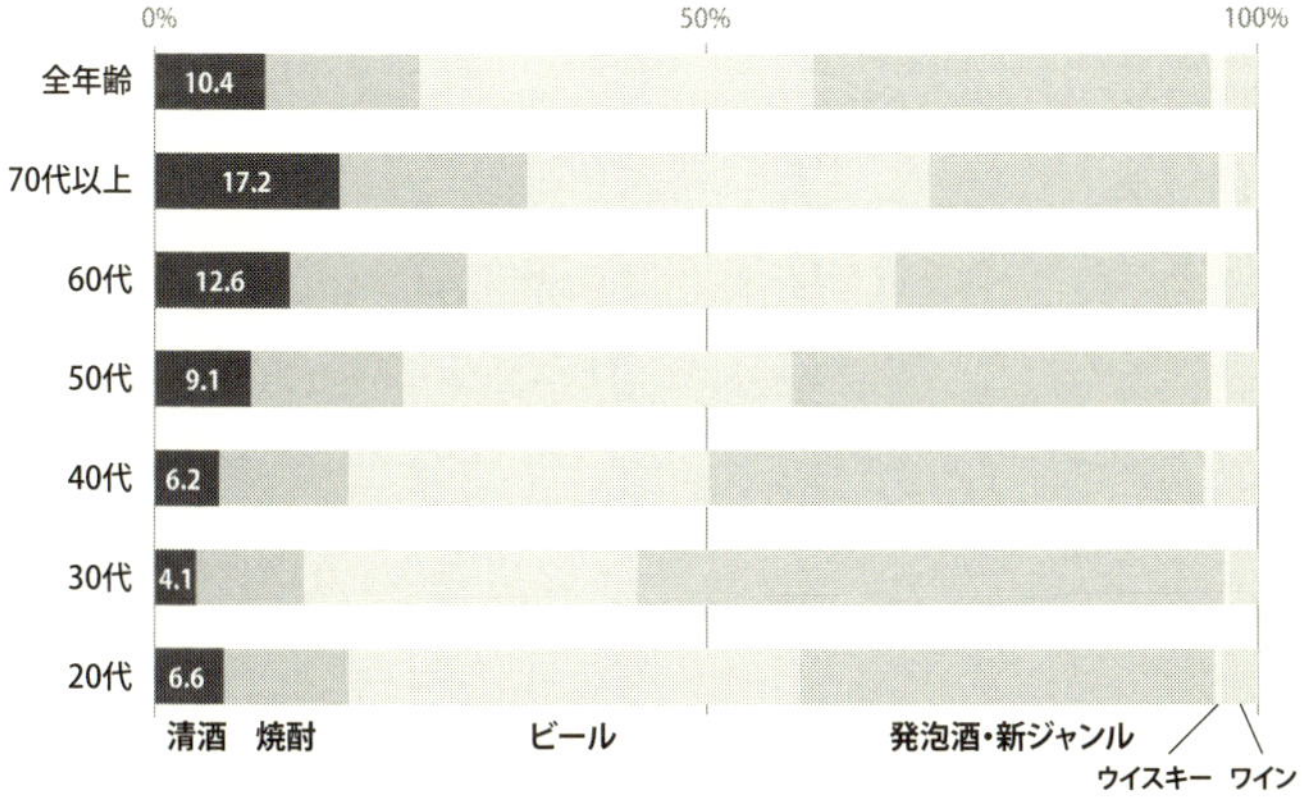

＊世帯主の年齢階級別、2010 年度
＊「酒類業界の現状と将来展望（国内市場）」（日本政策投資銀行新潟支店、2012 年２月）より作成。総務省「家計調査年報」「国勢調査」より日本政策投資銀行が作成した表をグラフ化

図4　日本酒（清酒）の製造者数の推移

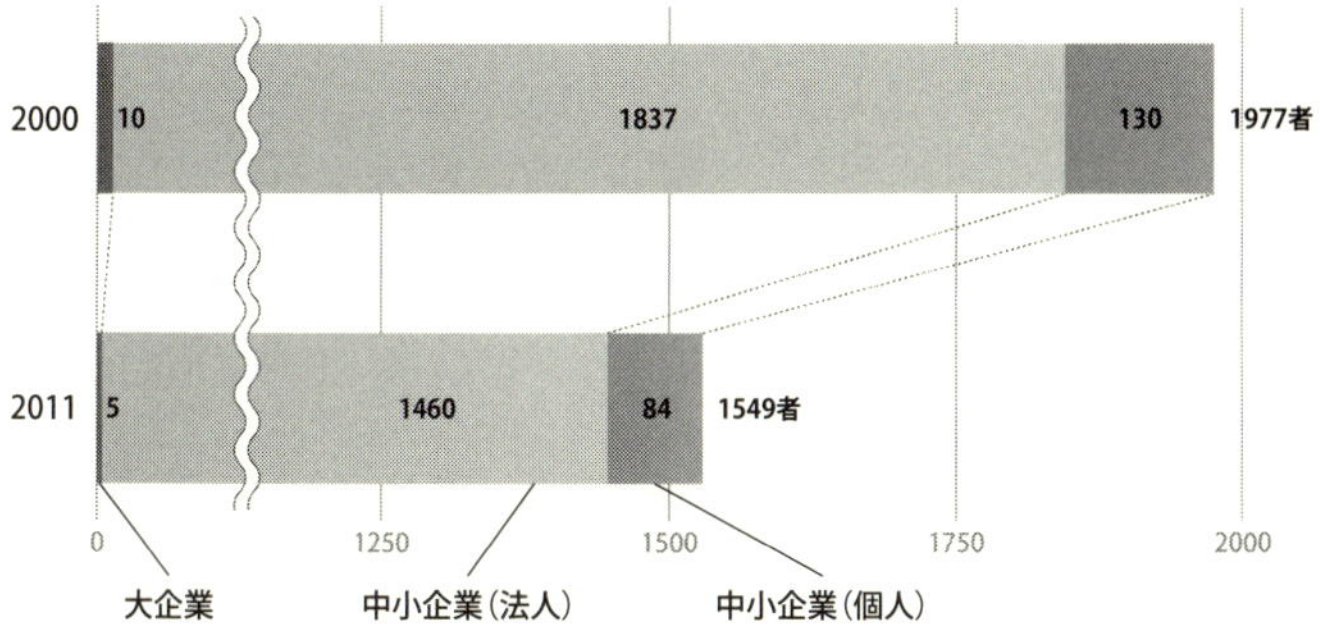

＊共同びん詰法人を除く各事業年度 10 月１日現在の業者数。大企業は資本金３億円超／従業員 300 人超、中小企業（法人）は資本金３億円超／従業員 300 人以下、３億円以下／ 300 人超、３億円以下／ 300 人以下のいずれかに該当する法人
＊「清酒製造業の概況（平成 24 年度調査分）」（国税庁）より作成

スが見えてくる。縮小する市場に大企業からの新規参入もあり得ないし、既存の大企業も縮小する市場に思い切った先行投資をすることもない。競争相手が少ない市場はチャンスに満ちている。いわゆるブルーオーシャンだ。

今、日本中の小さな酒蔵《さかぐら》で、私と同世代か、もっと若い造り手たちが新しい動きを見せている。その気概に加え、製造技術や貯蔵技術が著しく向上し、日本酒の品質は一〇年前と比べ、はるかにレベルアップしている。その魅力を正確に広く伝えさえすれば、新しい顧客は必ず得られる。しかも、マーケットは日本に留まらない。日本酒は今後、日本を代表する産業として大化けすると考えている。

「若手の夜明け」の目指すもの

二〇〇八（平成二〇）年、私はそうした若い蔵元たち四〇蔵ほどと「若手の夜明け」と題した試飲会を継続的に主催するようになり、二〇一一（平成二三）年から代表をつとめている。東京、札幌、福岡など、全国各地で年に数回開催し、二〇一四年秋で一五回を数えた。

この試飲会には毎回、一〇〇〇～三〇〇〇人規模の消費者や酒店、飲食店が集まる。参加者も日本酒を提供する蔵元側も二〇代、三〇代がメインというイベントである。

「若手の夜明け」に参加した蔵元や蔵人と（2014 年 3 月、東京・原宿）

日本酒は「おいしい」ということ、「日本にしかない製造法で作られている世界に誇るべき酒である」ということに気づいてもらうのが「若手の夜明け」の最大の目的だ。

二〇代、三〇代の顧客の開拓なくして未来はない。目先の売り上げを考えれば、かつて吟醸《ぎんじょう》酒ブームなどを支えてくれた六〇代、七〇代の消費者に頼ったほうが手っ取り早いかもしれない。収入の少ない二〇代が消費できるのは、今はまだ微々たる量だ。しかし、やがて彼らが四〇代、五〇代となり需要をつくっていく。その人たちに日本酒の魅力を伝えることができたなら、日本酒の市場は必ずよみがえる。

若い世代に日本酒の魅力を伝える努力は、試飲会にとどまらない。平和酒造では、地元和歌山のロックフェスティバルでウェルカムドリンクとして日本酒を提供している。「音楽と日本酒の融合」は、最近、非常に力を入れているテーマで、ライブハウスを借りて蔵元がＤＪをするクラブパーティを開き、そこで日本酒を提供することもしている。

音楽も酒も、生存するための必需品ではないが、人間が楽しく生きるためにはなくてはならない「嗜好《しこう》品」である。その意味で、音楽と酒との相性はいい。だからこそ、音楽シーンにはつねに酒があり、「音楽を聴きながら酒を飲む」というスタイルが出来上がった。ところが、そこにあったのはビールやウイスキーやワインであり、日本酒だけが蚊帳《かや》の外だった。そこに日本酒を置くことで、若者のライフスタイルの中に日本酒も取り込まれていくはずだ。

このほかにも、さまざまな形で日本酒の魅力をおもに若者ターゲットで発信をしている。私にかぎらず、「若手の夜明け」メンバーの蔵元をはじめ、日本全国の次世代を担う若い造り手たちが、次世代の日本酒ファンを作るために、日本全国を飛び回っている。

「ブラックボックス」の現在

一方で、私たち世代は、ソーシャルメディアでの発信も活発化させている。「今年も酒造りが始まりました」「発酵が進んでいます」「今日こんな酒が搾《しぼ》り上がりました。お届けするのが楽しみです」といったような、今起きていることを、写真や動画とともに消費者にダイレクトに伝えているのだ。

我々世代がソーシャルメディアを使うのは当然のことであり、世間一般からすれば、話題にすらならないだろう。しかし日本酒業界にとっては特筆すべき変化となる。よい意味では伝統を重んじるということになるが、別の見方をすれば旧態依然であり、閉鎖的であり、硬直化しているのがこれまでの日本酒業界であったからだ。

詳しくは第二章以降で書くが、私の父（平和酒造社長）は「蔵はブラックボックスだ」と言っていた。杜氏《とうじ》が支配する酒造りの「蔵」は、経営者でさえも立ち入ることのできない「神聖な場」だった。それは消費者にとっても同じで、神秘的なブラックボックスでありつづけたが、今やそれは、大きく変わってきている。

「ものづくりの現場」や造り手を見ることで、商品にも興味を持つという消費者心理に気づいた若い世代が、「ブラックボックス」を開いて消費者に見せるようになっている。

酒蔵経営者がどんな生活をしているのか、そんなことにも興味を持つ人も現れて、鹿児島に向かう飛行機に乗ったと投稿するだけでも反応がある。財布を落としたことを書けば「蔵元もドジなんだな」と共感する消費者がコメントを書き込んでくれたりもする（もちろん、話題づくりのためにわざと落としているわけではない）。酒造りの労をねぎらうコメントに励まされたり、味への指摘が参考になったりすることもある。

私はソーシャルメディアを通して、人間としての蔵元や杜氏、蔵人《くらびと》（蔵で働くスタッフ）、つまり生産者の人間像を消費者によりリアルに伝えたいと考えている。私たちは地方の資産家でもないし、特別なことをする職業でもなく、日本の気候風土が育んだ自然からの恵みを材料に日本酒を造っているのだということ、ものづくりに情熱を捧げている一般人であるということ……そうした等身大の姿を見せたい。若い世代の日本酒に対する正しい理解も、そんなことの繰り返しの中から得られると考えるからだ。

太宰治《だざいおさむ》の小説の題名であり、比喩《ひゆ》として使われることも多い「斜陽」だが、本来の意味は沈む太陽、つまり夕日である。

ちょっと前までの日本酒業界は、斜陽どころか日没に近かったかもしれないが、太陽が沈んだあとには必ず「夜明け」が来る。現在の日本酒業界は、ある意味、第二の創業期であり「夜明け」にあたる。若手蔵元主催の試飲会「若手の夜明け」の命名由来でもある。

以下、私が代表取締役専務をつとめる平和酒造の新たな試みを紹介していきたい。私が披瀝《ひれき》するのは自社の事例であるが、内容は違えど、全国各地の酒蔵で、世代交代と技術革新が確実に進んでいる。

第一章　〈伝統〉と〈ものづくり〉の復権

アンチテーゼとしての日本酒造り

酒造りという仕事の基本は、消費者に喜ばれる高品質の日本酒をいかに造るかにつきる。しかし、そのような仕事をするためには、前段階として、酒造りを通して私たちが何をしたいのかという哲学や理念が必要だ。それが、造り手のモチベーションにもなる。

序章でも書いたように、酒は生存するためではなく「人生を豊かにする」ためのもので、いわゆる嗜好品《しこう》である。店にただ置くだけでは、買ってもらえない。封を開けるときにワクワクする、おいしさに舌鼓《したつづみ》を打つ、味わいながらその酒が育《はぐく》まれた大地に思いが至るなど、音楽と同じように、人々の心を動かすことができて初めて、存在感が生まれる。

では、人々の心を動かすために何が必要かといえば、造り手の明確なメッセージを酒に込めることだ。連綿と続いてきたものづくりの精神と伝統の香りをいかにメッセージとして酒に込めるか、いかに酒造りを突き詰めていくか。いま私たちにはその深度が問われている。

日本酒がこの世に存在する意味、あるいはその魅力を表現するキーワードは二つあり、「伝統」と「ものづくり」だと思っている。伝統は「文化」に置き換えることもできる。この二つに共通するのは、近年の日本では評価されていないということだ。伝統的であることやものづくりの精神は、衰退産業を語る文脈の中で語られることが多い。伝統し、文化もないがしろにされてきた。なぜそうなってしまったのか。高度経済成長期以降の日本社会では、大企業主義や発展主義、経済至上主義がもてはやされ、これらの対極に位置するように見える伝統（文化）やものづくりが軽視されてきたからだ。

日本酒を造り、その魅力を若い世代や世界に向けて発信することは、そんな現状にアンチテーゼを示すことになる。

文化的である、伝統的である、ものづくり精神がある、というと、経済性とは乖離《かいり》しているように思われるかもしれないが、なにもそんなことはない。むしろここに、ビジネスチャンスがある。

たとえばフランスのワインやチーズは、AOC（アペラシオン・ドリジーヌ・コントロレ。原産地統制呼称）という制度を生んだ。その地域の伝統にのっとった製法や材料などの条件をクリアした農産物に対して品質を保証するというものだ。そもそもは国内の地域産業を守るための保護主義的な考えからきているのかもしれないが、結果として伝統やものづくりを守る防具になっていて、ブランディングという強力な武器にもなっている。現在では、ワインにしてもチーズにしても主だったものはほとんど名前＝地域名なので、その名を聞いただけでその地域と産品をセットでイメージできる。

極端なことをいえば、「海南《かいなん》」（平和酒造のあるところ）と言っただけで、「日本酒だよね」と人々が反応するようなものだ。

ところでシャンパーニュ（シャンパン）というワインはご存じだろうか。ご存じだろうかというのも失礼かもしれない。これもＡＯＣの賜物《たまもの》だ。シャンパーニュはシャンパーニュ地方でのみ作られ、決められた製法、決められたブドウ品種で醸造した発泡性を有するワインと定められている。その他の地域のものはシャンパーニュとは名乗れない。二〇一三年のデータでは年間三億本以上（フランス向けと輸出向けの総計）も出荷されている。フランスの一地方のワインがである。これもＡＯＣによるブランディングが成功した一例だろう。


フランスのワイン造りが産業として成立しているのは、国をあげて文化や伝統を戦略的に守り、その魅力を世界へ向けて発信してきたからだ。そして日本には、それがない。私が酒造りを通してやりたいことは、国内で日本酒のファンをより一層増やし、その上で世界へ向けて売り出すこと。伝統や文化に根差したものづくりは、戦略的なブランディングを展開すれば、魅力的な産業になる。

「文化的に生きる」ことを選んだ日本人

ワインやビール、ウイスキーは世界中で造られているが、いうまでもなく、日本酒（清酒）は日本でしか造られていない。その価値を日本人はもっと明確に認識すべきではないだろうか。

日本は稲作文化によって伝統を培《つちか》ってきた。弥生時代に日本に稲作が伝来し、それまでは狩猟や採集で暮らしていた人々が農耕にシフトした。生きるための糧《かて》を米にすることを選んだのだ。

農耕が始まると、稲作を効率よく進めるために集合体をつくるようになった。村は米づくりのためにあったといっていい。

昔は献上物といえば米だったし、財産は米の分量を表す「石高《こくだか》」で示された。季節の歳時、祭、社寺の行事など社会のあらゆることが米を中心に考えられるようになった。すべて米を軸に形成されてきたのが日本という国だ。

昔の人たちにとって、生きるとは栄養を摂取することだった。満腹になるほど食べることはできないが、ある程度の栄養をとっていれば命をつなぐことができた。栄養のもとである米をいかに多く食べられるかということを、昔の日本人はずっと考えていたはずだ。

「米があるなら一粒でも多く食べたい」という状況であったにもかかわらず、人々はそれを使って酒という嗜好品を作り出した。失敗すれば大事な米を腐らせるだけになる。その大きなリスクを負ってまで酒を造ってきたのが日本人ということになる。

過酷な自然や飢えとの戦いのなかで、精神を緩和させるために飲む酒は、今とは比べ物にならないくらいに価値が高かっただろう。一方で、酒を飲むことで人々の舌は肥え、食に対する意識も高まったと想像できる。つまり、酒造技術を獲得したことによって、日本人は「生存するためだけに食べる」ことをやめた。「文化的に生きる」ことを選択したのだ。

その精神性は今日まで連綿と受け継がれてきた神事に見ることができる。日本人は折に触れて神に酒を奉る。神棚には米や水、榊《さかき》とともに日本酒を供え、それを「御神酒《おみき》」と呼ぶ。

私たちの生活の中に深く根ざしてきたその日本酒を化石にしてはならないと思う。伝統を大切にするといっても、現代の歌舞伎や狂言のような存在ではなく、大衆的嗜好《しこう》品であり続けなければならない。文化性を持たせたまま、現代生活に合うようにアップデートしていくのである。

日本の「ものづくり」を減衰させたもの

日本には、ものづくりの力がある。陶磁器や漆器、染色・織物など、中国や朝鮮半島から伝来したものや、独自の発展をとげたものを含め、伝統的な技法が今に至るまで残っている。いわゆるオートクチュール的な文化が残っているということだ。

ところが、海外で成功した高級ブランドは少ない。フェラガモ、ロイヤルコペンハーゲン、エルメスなど、外国には世界で成功しているブランドは数多くあるのに、日本にはそれがない。十分な技術がありながら、なぜ成功していないのだろうか。

ひとことでいえば、西欧コンプレックスが根強いのではないか。日本酒の衰退も、その風潮と無関係ではない。日本人の多くが、日本酒よりワインのほうが高級で洗練されていると思い込んでいるようだ。

みなさんに質問してみたい。

「日本の農家が作った米と、海外の農家が作ったぶどうと、どっちのほうが農産品として価値が高いと思いますか?」

日本人にかぎらず世界中の人が、日本の米のほうを高く評価するだろう。その米に、日本の伝統が培ってきた醸造技術が加わったのが日本酒である。価値が低いわけがない。にもかかわらず、海外のぶどうで作った海外のワインのほうに高い価値を認める日本人がいるのは、どうしてだろう。西欧コンプレックス以外の何ものでもなく、第二次世界大戦に負けたことによる敗戦意識をそのまま引きずっているのではないか、とすら思ってしまう。

日本酒造りを通じて、日本の伝統のすばらしさとものづくりの力を伝えること。そのメッセージを込めた日本酒を国内外の人々に届けること。それが私たちの酒造りのモチベーションになっている。

目指すは「ものづくりの理想郷」

ここまで書いてきた日本酒をめぐる負の話は、過去のものとしたい。実際、リアルタイムで起こっていることは、新たな潮流の誕生を物語っている。

詳しくは第三章でご紹介するが、平和酒造には「ものづくり」志向の若者が集まってきている。平和酒造は毎年、大学新卒採用を行っている。「ものづくりをしたい」「日本酒造りはかっこいい」と考える大学生が集まってくる。

もちろん、景気が低迷しているから、「とりあえずエントリーする」「とりあえず正社

杜氏（前列右から２人目）、そして蔵人と

員になれる」という動機で応募してくる大学生のほうが圧倒的に多い。しかし、数こそ少ないが、伝統とものづくりの価値を理解して応募してくる大学生が必ずいる。そのなかから何度も面接をして入社してきたのが、いま平和酒造で働いている二〇代の蔵人《くらびと》たちだ。

この傾向は数年前からのことで、私だけでなく、全国の若い蔵元が、伝統と文化とものづくりについて熱いメッセージを発信し続けている効果が出てきたのだろう。

先日、中国に出張したおりに、農村部から北京に出稼ぎに来ている同世代の若者たちを対象に日本酒セミナーを開いた。日本酒の魅力と日本の文化について説明したあと、「日本ではそういう世界に大卒の若者が飛び込んできている」と伝えたところ、キョトンとしていた。彼らにすれば「意味がわからない」のだ。

中国の若者は、「小規模の酒蔵なんかは出稼ぎの労働者が働くところであり、大学を出た人間が働くようなところではない。大学を出たならもっと高収入を得ないとおかしい。親不孝な若者たちだ」というのだ。

私は「ものづくりの価値が日本の若者にも理解されるようになった」と言いたかったのだが、なかなか伝わらなかった。

彼らは農村から都市部に出てきて、飲食店のホールで働いている。ちょうど、私たちの蔵で働いている若者と同世代で、目がキラキラ輝いているのは同じだ。平和酒造で働く若者たちは、朝五時半から起きて……と、その働きぶりを伝えると、「働き方は私たちと同じだ。だけどなぜ、大学を出てそういう働き方をしているのか、よくわからない」という。日本では大学を出てからそういう働き方を望む若者たちがいるのだ、ということを懸命に説明した。

高度経済成長期やITバブルからずいぶんと時が流れているのに、変わらず、経済至上主義や発展主義が根強い。私は、高度経済成長もバブル経済も同時代的には知らない世代である。物心ついたときから、不況とか派遣とか、失業率という言葉を聞きながら育ち、社会人になったとたんにITバブルがはじけ、六本木ヒルズ族が崩壊した。私より下の世代は、それに加え、貧困とか格差、リーマンショックなどという言葉のなかで育ってきている。にもかかわらず（だからこそ、か）、大学生の大企業志向がいまだに根強いのだから、世の中の価値観が変わるのにはずいぶんと長い時間がかかるのだなあと感じる。

しかし、ごく一部ではありながら、これまでとは違う働き方を積極的に選択する若者が出始めているのは、平和酒造の例を見ればわかる。日本人もそろそろ、働き方の選択肢の幅を広げてもいいのではないか。通勤電車に揺られて何十年も会社に通い、さまざまなプレッシャーに耐えながら勝ち上がって年収一〇〇〇万円、二〇〇〇万円を目指す生き方もあるだろう。そういう働き方を望む人がいるのも理解できる。

一方で、年収の上限が五〇〇万円（平和酒造ではもう少し高いが）とわかっていても、目をキラキラと輝かせてものづくりに喜びを見出す働き方をあえて選ぶ生き方があってもいい。

私はそういう働き方を望む人たちにとっての理想郷を平和酒造につくりたい。

平和酒造の理念は、日本酒造りを通した伝統や文化の発信だが、それを支える蔵人たちに私が提供したいのが「ものづくりの理想郷」なのだ。

昭和の時代、経営者のクラフトマンシップやものづくりに対する真摯《しんし》な姿勢が、日本の製造業の強みだったはずだ。しかし今は状況が変わり、総サラリーマン化してしまった。ものづくりの現場にもサラリーマン的な発想を求めだしている。端的に言って、面白いものづくりをする会社が減っている。

といって私は、黙々とものづくりだけをするような職人、悪く言えば「ものづくりバカ」を作ろうとしているわけではない。外（マーケット）を見ながらのものづくりをしてほしい。これまでとは違う、現代版の杜氏《とうじ》や蔵人を育てたい（第四章で詳述）。

なぜ彼らは「二四時間業務」をこなせるのか

気温や湿度が高いと日本酒造りはできないため、一〇月から四月が稼働期になる。この時期、蔵人たちは、少なくとも朝五時半から夕方五時半まで拘束される。蔵のすぐ近くに寮を用意しているが、五時半から作業を開始するには、遅くとも毎朝四時半には起きなければならない。朝食は一仕事終えてから、全員で蔵の休憩室でとる。

蔵の中にいるあいだは、朝食と昼食を挟んで働きつづける。さらに、つねに一定の温度と湿度を保たなければならない「麹《こうじ》づくり」は昼夜を問わず厳密な管理が必要だから、二人一組で蔵に泊まり込む。

泊まり込んだ蔵人は、通常の勤務のあと、夜九時、深夜零時、明け方三時と麹づくりの部屋（麹室《こうじむろ》）に入って状態をチェックし、朝五時半から普段の作業に入る。泊まり番は希望者を募って決めているが、ほぼ全員が希望してくる（麹づくりは酒造りの肝《きも》であり、蔵人の花形職といえる）ので、実質交代制になっている。従来は杜氏が一人でこなしていた作業だが、現在の平和酒造では、蔵人たちに酒造りの全技術を会得してもらうため、深夜勤務手当を支払って、希望があればだれでも経験できるようにしている。

酒造りは伝統的に、季節労働雇用である。杜氏や蔵人は、酒造期間の半年間は休みを一日も取らずに蔵に住み込んで働いてきた。現在では、各蔵がさまざまな工夫をして、交代で休みをとれるような体制に変わってきている。

平和酒造でも、季節労働雇用から通年雇用に切り替え、労働基準法にのっとって休みもとれるようにしているが、それでも、一般的な会社員に比べてみれば、休みは少なく長時間労働には違いない（雇用システムについては第三章で詳述）。

一〇月から三月の半年にわたる酒造期間は、月四日の休日しかない。この日は自宅で体を休めないと、あとが続かなくなる。そうそう遊びに行くこともできない。そもそも蔵は、和歌山の片田舎にある。周辺に遊ぶ施設はなく、車で三〇分以上かけて和歌山駅周辺へ出るしかない。

新卒採用している蔵人には、地元出身者はほとんどいない。北は北海道、南は九州まで、出身地や出身大学はさまざまで、東京生まれの東京育ちもいるが、暮れや正月に休みをとることはできない。年末にはみんなで餅《もち》つきをしたり、三が日にはおせち料理を食べてもらうなど、正月気分を出すようにはしているが、「実家に帰ってゆっくり新年を迎える」ことはできない。

こうした労働環境については、採用面接時にすべてディスクローズしている。にもかかわらず、なぜ新卒の若者が蔵人を志望して遠く和歌山までやってくるのだろうか。夜勤を希望して二四時間業務をこなそうとするのだろうか。

そこは「ものづくり」の魅力にほかならない。しかも、工業製品ではなく、日本の気候風土が育んだ自然の恵みを原材料とした酒造りであるからだ。自然とともに生きながらものをつくる喜びが彼らの生きがいになっている。

同じ長時間労働でも、会社に居続けるために命令に従っていやいや働くのと、やりがいを感じながら自らの意思で働くのとでは、働く側にかかるストレスが大きく異なる。「働かされている」と「好んで働いている」の違いである。「ものづくり」の魅力の一つは、後者の働き方を実現しやすいということだ。

「蔵人」という誇り

平和酒造では、杜氏以外の社員はすべて「蔵人」と呼ぶ。蔵の中で酒造りをする社員はもちろんのこと、経理や総務、営業を担当する社員も例外ではない。私が入社してから、それまで職種ごとに付けていた肩書を統一した。

前職の人材ベンチャーでも募集職種の肩書にはこだわりがあった。一つにはその肩書をカッコよくすることで応募人数が増える効果があった。「オブザーバー」や「コンサルタント」など、もっぱらカタカナを駆使して「カッコいい」と言われる肩書を開発していった。ある意味、この肩書の発明が私の大事な仕事だった。

その中で肩書のもう一つの意味合いに気づき始めた。それが肩書の持つ本来の意味合いかもしれない。どんな肩書で働くか、それは本人の潜在意識に影響を与える。自分自身が「こうありたい」と思う姿を肩書で表現してやることが、その人のやりがいにつながる。

私が言う「肩書」は、大企業によくある「代理」「副」などの社内の序列を示すものとは違う。数十人の蔵で序列は意味がなく、つくっていない。「杜氏」はその蔵の看板だからゆるぎない地位があるが、それ以外はみな、蔵を支える大切なスタッフだ。

今では、「蔵人」という肩書を使う酒蔵がほかにも増えている。うれしいことだ。

なぜ「蔵人」にしたかというと、平和酒造の競争力の源泉はものづくりの精神であり、そのことを社員全員が共有する必要があると考えたからだ。また、社員同士が互いにリスペクトし合うのはもちろん、社外の人と接するときも「私は酒造りに携わっている」という誇りを持ってほしいという願いを込めた。さらに、消費者にも「ものづくり」のファンタジーを伝える効果があると考えた。「工場の社員」が造った酒と、「酒蔵《さかぐら》の蔵人」が造った酒と、言葉を替えるだけで、消費者の印象は大きく違ってくる。おそらく多くが後者の酒を飲みたいと思うだろう。

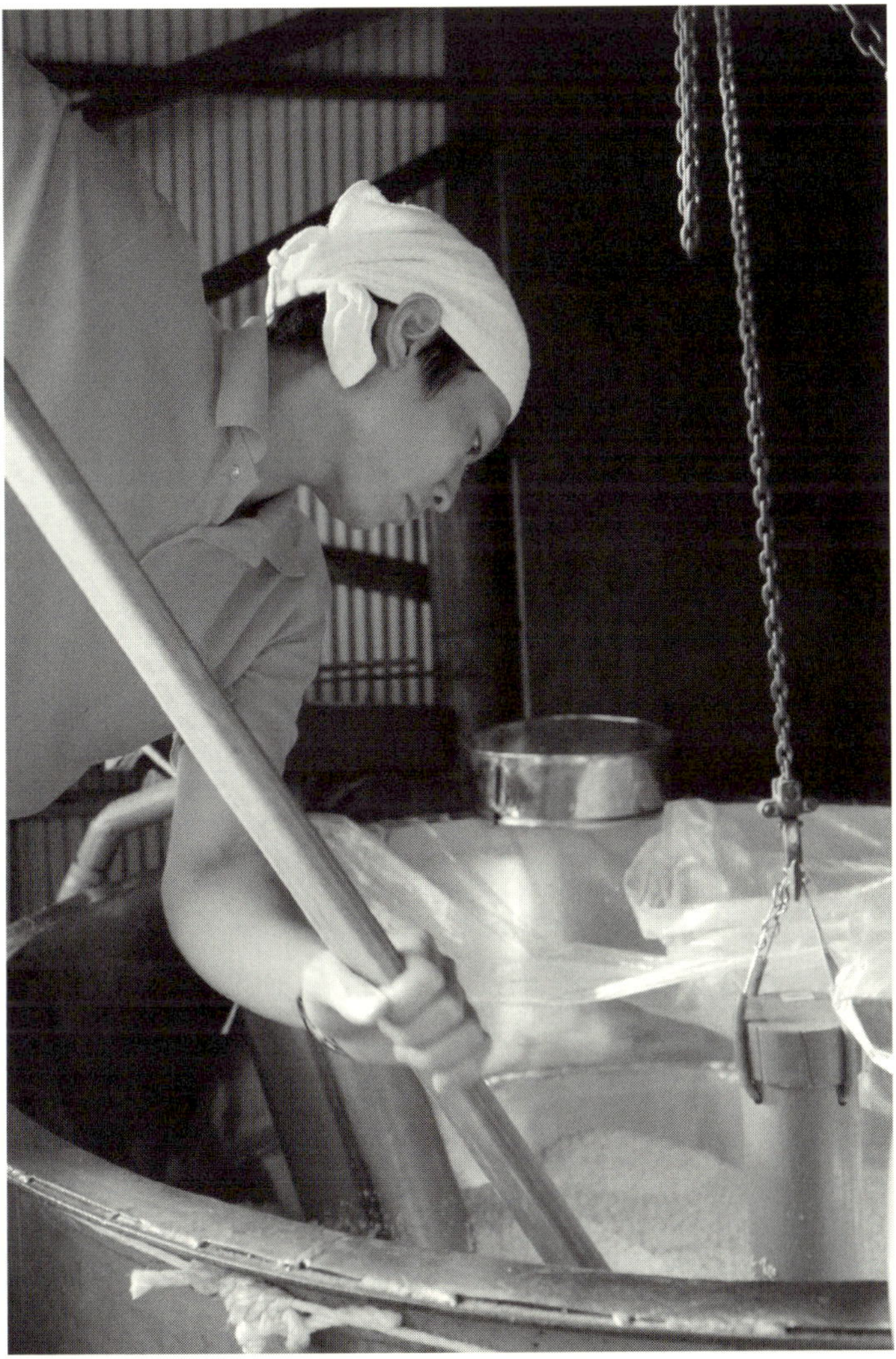

洗米後の均《なら》す工程。翌朝から蒸しに入る

私が考える肩書は序列を示すものではない、と書いたが、では何を示すかといえば「何をやっているか」である。同窓会に出席すると、それぞれの近況報告で持ちきりになる。このとき、「○○社に勤めている」「課長になった」ということを中心に語る人と、「○○をやっている」と仕事の内容を語る人に分かれる。所属や序列ではなく、仕事の中身をいきいきと語れるのは、それだけその人生が充実している証《あかし》であると私は考える。

「ものづくり」を選ぶのは、所属や序列ではなく仕事の中身にこだわる人間だ。蔵人たちもまさにそうだ。

ちなみにこの「蔵人」という肩書は九年使用してきた。しかし、二〇一五（平成二七）年度から「醸造家《じょうぞうか》」という肩書に変更することを考えている。より序列にかかわらず「ものづくり」に打ち込んでもらいたいという考えからだ。

平和酒造は和歌山の片田舎にある小さな会社だ。そこで、和歌山とは縁もゆかりもない若者が働いている。彼らの多くは国立大学出身であり、大企業に就職している同窓生も少なくないだろう。そんな彼らが大学の同窓会に出たとき、胸を張って「蔵人をやっている」「酒造りをしている」と言えるような蔵にしていくのが、経営者としての私の使命であると考えている。

小規模だからこそ実現できる世界

日本では現在、大企業同士のM＆Aが相次ぎ、巨大企業がいくつも誕生している。いまほど企業が大規模化を図り、結果として規模の論理が幅を利かせている時代はなかったというのが私の個人的な印象だ。中小・零細企業が支えてきた「日本のものづくり」の力が衰退したのも、そのことと無関係ではない。

産業界のみならず、消費者も大企業至上主義に陥っている。学生の就職活動を見ていても、業界順位で会社選びをする傾向が強い。社会全体が業界一番手、業界二番手、業界三番手と順番をつけるのだから、それもしかたのないことかもしれない。

企業が大規模化すると、一番手も二番手も三番手も、業種が同じであれば商品のバリエーションも品質も似たり寄ったりになってくる。

問題なのは、大企業を頂点とするヒエラルキーに中小・零細企業までが組み込まれてしまっていることだ。規模が小さいからこそ可能になる意思決定の速さや機動力、さらには強い個性の創出がなされていない。大企業の下請けやミニチュアでしかなくなっているのだ。

もちろん、大企業の下請け業務を行う中小企業も必要だ。その下請け構造によって日本の産業界は成り立っているから、大企業はその構造を維持したいだろう。しかし、その構造の中で生きる道を選択する中小企業とは別に、ベンチャー精神によって新事業を始めたり、新商品を開発したりする中小企業がなければ日本の産業の多様性は失われてしまう。日本の将来に希望はない。

大企業も中小企業も効率や合理性、目先の損得のみを必要以上に追求していく。その結果、どの企業も独自性のある尖《とが》った商品開発を行わなくなり、所属社員をただのコストとして見なすようになってしまう。また社員は社員で働く喜びを感じることもなく、賃金と労働時間などの条件面以外には興味を持たなくなり、所属することに安心感を覚えるだけの人になる。もし、大企業と同じ道を中小企業が目指せば、規模の論理が働く分、どこかにしわ寄せがくる。

中小企業は大企業が表現できない価値を表現することが必要だ。法律上や道義上の拘束が多くあり、安定志向の人材が多く入ってくる大企業には生み出せないことがある。それは独自色だ。どの大企業も長い年月を経て、看板が違うだけの、尖ったところのない会社に変わっていく。そんなときこそ、独自色が中小各企業の競争力になり、またそれが魅力になることで有能な人材の獲得にもつながる。

日本酒業界においても小さな蔵元が次々と廃業し、生き残ったとしても、大手酒造メ

伝統の吟醸麹《ぎんじょうこうじ》づくりは、すべて手作業で

ーカーそっくりの紙パック酒やその他商品群を造っている蔵元が少なくない（現に私が戻る前の平和酒造がそうだ）。私が和歌山に戻って平和酒造に入社したときから現在に至るまで、その傾向はある。

では、平和酒造はどの道を行くべきなのか。大手酒造メーカーの二番煎《にばんせん》じに甘んじるのなら、私は和歌山に戻ってきたりはしなかっただろう。東京のベンチャー企業に就職することもなかった。すべてを覚悟のうえで、この業界に可能性を感じて和歌山に戻ってきたのだ。

その可能性をひとことで表現するなら、「伝統」と「ものづくり」にこだわった酒造りは小さい規模だからこそ実現できるということだ。また、業界全体が斜陽であれば競争相手が少ない。尖《とが》った個性と品質で勝負すれば、勝機はあると確信した。

大手酒造メーカーの酒造りと小規模な酒蔵のそれとの違いは何か。万人が及第点をつける酒を造るのが大手の特徴だ。安全・安定が第一であり、突出した個性を追求することはリスクとなる。事故品を一つでも出せば命取りとなるため、九九・九九九九パーセントの安全性と安定品質を目指す。結果、個性は二の次となる。

一方、平和酒造のような小さな酒蔵には、安全と安定の完璧を追求するための大規模なコンピュータシステムや設備にかける資金力はない。杜氏と蔵人、そして経営者が丹精込めて酒を造りあげ、一本一本を瓶詰めにして出荷していく。そのときには、「すべての人に愛される酒でなくてもいい。ただし好きになってくれた人を裏切らない酒を造りたい。もう一度買いたいと思ってもらいたい」と腹をくくっている。

しかし、結果的に、そのように造った日本酒のほうが高品質で顧客満足が得られる可能性が高く、そして人の心を打つということに、私に限らず今の若い蔵元たちは気づいている。

大企業が捨てた道

すっかり成長を遂げた日本社会では、企業が大きくなりすぎた。大船ばかりになって、小さな水門を潜り抜けることができず往生している。企業が巨大化すると、民間といえども社会的な制約を受けて役所化していく。尖ったエッジを削り、どんどん丸くなっていく。日本経済の衰退は、みんなが同じ方を向いて自ら選択肢を減らしてしまっているからにほかならない。

中小企業が輝いたから現代日本の繁栄がある。日本の戦後史を考えるとき、これは絶対に外せない要素である。

ＧＨＱの農地改革が機会の均等をはかり（山本家は農地を失ったが）、競争の種を日本全国にばらまいた。教育が平等に行われ、優秀な人材が地方各地から輩出されていった。貧しい者が自分の努力と才能だけで身を起こすことができた時代ともいえる。

しかし、今の日本には、そのような新しい芽を輩出するような革新的なシステムがなく、社会全体が硬直し、階層化している。子供に十分な教育をほどこせる経済的な余裕のある両親のもとでしか、優秀な人材が輩出される可能性がない。この階層化は、戦後七〇年で固定化し、今の日本のよどみになってきていると感じる。

同様のことが産業界でも起こっていて、大企業はどんどん巨大化し、中小企業は大企業の模倣《もほう》に甘んじている。本来なら、大企業には大企業の、中小企業には中小企業のよさがあるはずなのに、中小企業も大企業と同じ尺度（規模の大小、売り上げの大小）でしか評価されようとしない。

中小企業が元気にならなければ、日本は衰退の一途をたどるだろう。大企業は規模と高度な技術を持っているが、どんなに巨大化しても一つの企業でしかない。できることは限られている。中小企業が一〇社ある場合と、その一〇倍の規模の大企業が一社ある場合、どちらが面白い商品や発想を生み出せるかといえば、本来であれば中小企業一〇社のほうだ。ところが現実には、前述したように、中小企業は大企業に従属するポジションに甘んじている。なんとももったいない状況になっている。

もし世界中の産業モデルが大きく転換するようなことがあれば、ほとんどの日本企業は付いていけないのではないか。たとえばホンダやソニーの創業者には、「明日はまったく違うことをしているかもしれない」という柔軟性があった。それが今の日本の大企業にはない。

企業の巨大化と独占は、日本にとってはリスクだ。たとえば韓国のサムスンは、文字通り国を背負ってしまっている。サムスンがダメになれば韓国がダメになる。どれだけ大企業といっても一企業でしかない。恐竜といってもいい。巨大化すれば環境の変化に弱いから、全滅のリスクもある。大小の哺乳類、鳥類、魚類、虫など、さまざまな生物がいる中で、環境変化に耐えられたものだけが「たまたま」生き残るのが自然の摂理である。生き残った種は環境に合わせて変化したからではない。多様性の中でたまたまその種だけが生き残ることができ、さらにそこから時間をかけてさらなる多様性が生まれ、その繰り返しの中で進化をとげることができた、というだけだ。

今の日本は恐竜だけを集める社会になっている。どれもよく似た性質をもった大きな恐竜だけが生きている社会は、リスクが高く、変化に弱い。これは大企業で働いている人にもわかることだと思う。

中小企業は大企業にはできないことをやればいい。日本という国に新しい活力を吹き込むことが中小企業の存在意義でもあり、自分たちが生き残る道でもある。その九九パーセント以上が中小企業で占められる日本酒業界は、見方を変えれば、小さくても世界に打って出ることもできる「伝統」と「ものづくり」という二つの武器を持っている。大企業が捨てた道にこそ、私たち酒蔵が生きる道があるということだ。

私より上の世代の酒蔵の経営者には、順調に伸びているときでも「また悪い時代が来るに違いない」と、悲観的な考えを持っている場合が多い。それは、「伝統」と「ものづくり」という日本酒の柱を自ら信じていないし、それをどんな消費者に向けて発信すればいいのかもわからないからだと思う。

私たちの取り組みは、日本酒のある豊かな生活を広めることであり、ライフスタイルに組み込まれていけば、多少の波があってもこれまでのように一気に右肩下がりになっていくことはない。

海外では拡大の一途

最近思うのは、日本の文化のよさを語るのは外国人ばかりで、日本人自身が語る場面が少ないということだ。一方で、ハロウィン、クリスマス、バレンタインデーなど、ビジネスに結びついているとはいえ、日本人はピュアに西欧文化は楽しんでいる。外国の文化を取り入れることはいいが、せっかく自分の国に外国人が称賛する文化があるのに、その魅力どころか存在さえも忘れているかのような現状には残念な思いがする。

日本酒についても、日本人よりもよく知っている外国人とたびたび出会う。彼らにとって日本酒は、とても「クール」なものだ。

海外ではかなり前から和食ブームが起きていて、鮨《すし》からラーメンにいたるまで「憧《あこが》れの食」となっている。日本に旅行でやってくる外国人にアンケートをとると、最も期待しているのは観光ではなく「食事」である。外国の人たちは、日本という国へわざわざ食事にやってくる。日本酒を飲みにやってくる。

海外の日本酒マーケットも、拡大の一途をたどっている。パリやニューヨークといった流行に敏感な人たちが住む都会ばかりでなく、一定水準の生活を営む人々が多く住む都市ではスーパーに日本酒が並ぶようになった。つまり、日本酒が「珍しいから」買うのではなく「おいしいから」飲むことが世界中でなされている。そして、それをつくった日本人や日本文化に対する興味も深まっている。

実際、日本酒の輸出額も伸びている。平和酒造も例外ではないが、積極的に海外展開をしようとする酒蔵が増えている。日本で広める前に海外で評価されたほうが手っ取り早いと考えている経営者も少なくない。外国人が評価すれば、外国人にほめられることが好きな日本人が、やっとその価値に気づくというわけだ。

それも一つの手だろう。しかし、私はそんな回りくどいことはせずに、ストレートに日本の若者に日本の「伝統」と「ものづくり」の魅力、日本の醸造技術のすばらしさとそこから生まれる日本酒のおいしさを訴えている。その一環が前述の「若手の夜明け」であり、日本酒セミナーでもある。

その試みを始めて一〇年近くがたった。まだまだ不十分だが、ここ数年は確実な手ごたえを感じている。今の二〇代は、政治的イデオロギーとはまったく関係なく日本の文化を見ることができる戦後初めての世代ではないかと私は思っている。

私の世代はまだ、「君が代」を歌うべきか否か、「日の丸」を掲げるべきか否かといった議論が幼いころにあった。日本という国や文化を語ることは、イデオロギーを語ることでもあった。しかし今は、状況が変わり、日本という国に対する愛情を「イデオロギーなしに」表明できるようになってきている。サッカーの応援では「ニッポン」を連呼し、顔に日の丸をペイントしたりする。彼らはナショナリストではないし、排外主義者でもない。シンプルに、自分と同じ日本人を応援するときに、日の丸を使っているにすぎない。

そんな彼らに、「日本には世界に誇る優れた文化があるんだよ」「日本の食は世界が高く評価するような素晴らしいものなんだよ」「日本酒は、日本の風土が培った日本にしかないすばらしいお酒なんだよ」……と語りかけると、熱心に聞き入る。

消費者だけではない。平和酒造で働く二〇代の若者はみな、日本酒が大好きだ。

二度目のオリンピックの意味

二〇二〇年、東京でオリンピックが開かれる。日本では二度目ということだが、もちろん、最初のオリンピックが開かれたときには、私はまだ生まれていない。歴史として本で読んだりテレビで映像を見たり、人に聞いたりしただけだが、前回と今回とでは、その役割や効果はまったく違うと想像できる。

第二次世界大戦で焼け野原になった日本が世界に向けて復活宣言したのが、一九六四（昭和三九）年に行われた東京オリンピックだった。続いて一九七〇（昭和四五）年に行われた大阪での万国博覧会で、それを確実なものにした。

そのころ、やっと海外旅行が自由化されたものの、まだまだ規制があった。それに、一ドル三六〇円の固定レートの時代である。よほどの大金持ちでもないかぎり海外旅行などできるはずはなかった。だから、多くの日本人は東京オリンピックや大阪万博にやってくる外国人を通して異国に触れたのだ。

そこでは、欧米先進諸国に日本が経済的にも文化的にも追いついたことをアピールし、先進諸国の仲間入りをしたことを認めてもらわねばならなかった。そのために必要なのは「欧米化した日本」を見せることだった。旅館ではなくホテルを建て、フォークとナイフで食事をし、トイレも水洗の洋式にした。それを見て欧米先進諸国は「頑張っているじゃないか」と褒めてくれた。

二〇二〇年、再び東京でオリンピックが開かれる。そこで私たちが見せなければならないものはなんだろう。決して、欧米化した日本ではない。いくら高級なホテルを建て、高級ワインを並べても世界の人はまったく評価しない。先進国ならどこの国でも見られる光景であるからだ。

私たちが世界に見せなくてはならないのは、「日本は素晴らしい独自の文化を育んできた」ということだ。

これは、外に向けてばかりでなく、内に向けてつまり日本人に対しても語りかけていかなければならない。東京で二回目のオリンピックを開催する意味があるとすれば、それは、日本人自身が日本の伝統と文化を振り返り、「日本ってこんなに素晴らしい国なんだ」ということを再評価することだろう。

外国人をもてなすときに英語を使うことはいいと思う。問題はその中身である。日本に来た外国人と英語で話をするときに、日本文化の話をしないで何を話すのか、ということだ。そしてその外国からのお客様をもてなす酒は何かといえば、日本酒しかない。ところが、日本人自身が日本酒のことをあまり知らない。その責任は、日本酒業界にもある。だから私は、日本人に向けて、とりわけ若い世代に向けて日本酒について発信していくことが、日本酒業界が生き延びる道であるし、日本に貢献することだと考えるのだ。

第二章　〈伝統〉を守り、〈旧習〉を壊す

由来は「平和な時代に喜びをこめて」

和歌山に帰ってきて私が最初にやらなければならなかったのは、平和酒造という会社の棚卸しだった。その強みと弱みはどこか、斜陽産業にあってどのようにすれば生き残っていけるのかを突き詰めて考えることだった。

酒蔵《さかぐら》はどこも特徴的な強みを持っているのに、それを生かしきれていない。それぞれの蔵やそこで造られる日本酒には明確な個性があって、一軒たりとも同じ蔵や銘柄はない。にもかかわらず、外から見ればどこも似たような印象になっているのではないか。酒の銘柄ごとに味も香りも異なり、そのバリエーションの豊かさを楽しめるのが日本酒の一つの魅力であるにもかかわらず、消費者にうまく伝えられていない。一つ一つの蔵への興味を呼び起こすことができず、結果、業界全体が斜陽となっているのだ。

私が蔵に入って最初に考えたのは、「業界」に埋もれることなく強みを生かしながらエッジを立てることが急務であるということだった。

みなさんは、平和酒造がどんな酒蔵なのかをご存じないと思うので、棚卸しの内容に入る前に、蔵の自己紹介をさせていただきたい。

平和酒造は、周囲をなだらかな山に囲まれた和歌山県海南《かいなん》市の稲作が盛んな盆地にある。和歌山というと比較的暖かい印象があると思うが、盆地ゆえに冬場は朝夕の冷え込みが厳しい。また、降水量も多く高野山《こうやさん》の伏流水《ふくりゅうすい》である井戸水が豊富だ。いい米、いい水、適切な温度という酒造りの条件がそろった土地だ。

日本酒のラベルに記された原材料をチェックしてもらうと、純米酒なら「米、米麴《こめこうじ》」とあるはずだ。本醸造の場合はこれに「醸造アルコール」がプラスされる。しかし、ここには重要な要素が抜けている。すなわち水だ。日本酒は水がなくては造れない。

ワインはブドウの搾《しぼ》り汁《じる》から造られるので水は添加しない。だから、ワインの産地には「いい水」は必要ないが、おいしい日本酒を造る酒蔵がある土地はどこも水自慢だ（私は、水の味わいが日本酒に与えている影響はかなり大きいと考えている）。

山本家は、そんな土地でもともと無量山超願寺《むりょうざんちょうがんじ》という寺を営んできた。一九二八（昭和三）年、私の曽祖父《そうそふ》に当たる谷口保《たにぐちたもつ》という人物が山本家に婿養子《むこようし》として入り、家督を継ぐと共に酒造りを始めた。保は江戸時代から続く谷口酒造という酒蔵の子として生まれ、生来の酒好きだったそうだから、酒造りはお手の物だったに違いない。

しかし、第二次世界大戦によって国から酒造禁止令が出されてしまう。戦時下にあって中小企業を大企業に集約する特別法が施行され、山本家の蔵は京都の酒蔵に貸し出すことになった。

戦後も酒造再開許可はなかなか下りなかった。保の息子つまり私の祖父が国会に陳情に出向くなどの努力を重ね、一九五二（昭和二七）年にようやく再開することができた。

そのとき祖父は、平和な時代に酒造りができる喜びや希望を胸に「平和酒造」と名づけた。若いころはこの社名がしっくりとこなかった。酒蔵の社名としての重みがなく弱いように感じていたからだ。しかし、今では、この社名が好きだ。歴史の一ページを記す名前で「平和」がすべての基本だからだ。行動するときには「平和主義」を心がけている。

再開はできたものの、当初は京都の酒蔵に貸していた蔵を返してもらえず、ほかの蔵を間借りして酒造りをしていたと聞いている。

数年してようやく自分たちの蔵を取り戻したものの、長い休業によるハンデは想像以上に大きかったようだ。なかなか業績を上げることができず、大手酒造メーカーの桶売り蔵（下請けとしてそのメーカーの酒をつくる蔵）となり、自社ブランドの酒はとりあえず細々と続けているにすぎなかった。借金も増えていったようだ。

私は、祖父保正《やすまさ》の三女和子《かずこ》の長男として生まれた。祖父には男の子がおらず、祖父の体調が悪くなると、すでに他家に嫁《とつ》いでいた三女一家が跡取りとして呼び戻された。つ

山に囲まれた平和酒造の全景

まり、三女の夫である私の父文男《ふみお》が、姓も山本に変えて跡を継ぐことになったのだ。一九八〇（昭和五五）年のことである。

そのころはすでに、日本酒業界は下り坂に入り、売り上げを落としていた。平和酒造は社員一人の零細で借金を抱えていた。しかも父は、大手総合商社のサラリーマンだったので酒造りについてはまったくの素人だった。

紙パック酒からの脱却

大企業で一年中忙しく働いていた父から見ると、冬場にしか仕事がない酒蔵はずいぶんと効率が悪く、前時代的なビジネスに思えたようだ。夏場になにかやれないかと、父がいろいろ模索している姿を見ながら私は育った。

やがて父は大手ビールの安売りを始めた。もともと平和酒造は、酒造免許と酒販免許の両方を持っていたが、祖父の時代はもっぱら大手メーカーの下請けとして酒造りのみを行っていた。冬場に限られる酒造りだけでなく「これからは酒販もやらねば」と父は考えたようだ。

当時は、酒販組合によって日本酒やビールの価格が決められ、どこの酒店でも同じ値段で売られていた。その値段を崩すことは業界のタブーでもあった。しかし当然のことながら、消費者は安いほうがいい。少しでも安い値をつければ売れるのは自明である。父にしてみれば、平和酒造をつぶすわけにはいかない。生き残るためにはこれしかないと、あえてタブーを破った。一九八三（昭和五八）年ごろからビールの安売りを始め、大阪でディスカウントストアの経営にも乗り出した。

やがて、さまざまなディスカウントストアが台頭してくると、ビールの販売から手を引き、酒造りに集中した。ディスカウントショップ用の日本酒を造り始めるのだ。

父は大きな借金をして、お酒を入れる紙パックの製造機を購入した。世の中はまさに安売り時代に突入していた。林立するディスカウントショップに紙パックの酒を納入するモデルは当たり、平和酒造の業績は持ち直していった。借金もほとんど返済することができた。

このような経緯から、私が戻ってきた二〇〇四（平成一六）年時点で、平和酒造では紙パック製品が九九・九パーセントを占めていた。

それは、端的に言うと、大量生産・大量消費型の「安さ」でしか評価されない低付加価値の商品が九九・九パーセントだったということだ。平和酒造の紙パックの酒はかなりの出荷量だったが、その割に、人々の印象には残っていない。人口減の時代に突入し、さらに日本酒の消費量が右肩下がりになって、大量生産の低付加価値商品で売り上げるには限界がある。平和酒造の再建は果たすことができたので、父の時代にはそのビジネスモデルは正解だったと思う。激動の時代に苦労を重ねた父に感謝もしている。しかし、これからは通用しないことは、明らかだった。

私がまず着手したのは、紙パック商品からの脱却であり、高付加価値の自社ブランドの開発だった。

マーケティング無用の味本位主義

大学を卒業してからいったん東京に暮らしたことで、平和酒造という酒蔵を客観的に見ることができた。大手酒造メーカーとごく一部の著名な地酒の酒蔵以外にも、私が和歌山に戻ってきた当時で二〇〇〇近い酒蔵がひしめき合っていた。平和酒造がそのなかに「埋もれている」ことがよくわかった。

高品質の酒造りをするのは当然のこととして、その前にやらなければならなかったのは、「和歌山に平和酒造あり」ということを業界にも、消費者にも認知してもらうことだった。平和酒造の強みは何かを考えた。

かつての吟醸《ぎんじょう》酒ブームの新潟県や、焼酎《しょうちゅう》ブームの鹿児島県のような強みが和歌山にあるとすれば、「梅」だった。和歌山は梅の産地として知られている。なんと、全国の梅の五〇パーセント以上のシェアを誇るのだ。自社ブランドの梅酒を造ろうと考えた。

幸いにも、和歌山でリキュールを造れるメーカーは多くないから競争相手が少ない。また、平和酒造では紙パックの梅酒を造っていたことがあるので、社内にノウハウもあった。梅酒ブームがやってくる予感もあった。

「まずは、高品質の梅酒で勝負する」という結論に至った私はさっそく父に話したが、父は想像以上に難色を示した。「高品質な商品を造る」ことには賛成だったが、だとしたらなおさら、最初は日本酒であるべきだと考えているようだった。

数ある酒蔵の中に埋もれた状態から、平和酒造のブランドを確立する道のりは平たんではない。私は父に「そのこだわりは捨てよう」と言った。自分たちが最も勝つ可能性があるところから始めようと。日本酒造りをあきらめる必要はない。梅酒を成功させてから、じっくりと日本酒に取り組めばいい。

マージャンに「上がり癖」という言い方がある。小さく上がっていくうちにその場の流れや傾向がつかめ、大きな勝ちにつながっていくということだ。ビジネスも同じで、勝てるところで一つ一つ小さな勝ちを重ねていくことで、大きな勝ちにつながっていくのではないか。

梅酒も日本酒も、基本は同じである。「安く買われる商品」になっては元も子もない。徹底した「味本位」を追求することにした。

食品メーカーは味本位で商品開発しているように見えるが、実際にはそうではない。消費者がどんな味を好むのか、マーケティングの結果をもとにものづくりをしている。また、買ってくれそうな値段に抑えるために、原材料費を削る。これでは「味本意」ではない。

小さな酒蔵には、大々的なマーケティングを行うような体力はないし、時間もない。しかしそもそもマーケティングをした結果にもとづいた商品開発をすれば、どこも同じような商品になってしまう。私たちはあえてマーケティング無用の商品造りを選んだ。それは非常にシンプルだ。「ひたすらおいしい梅酒」である。コストや手間の問題をいったんわきに置いて、商品造りを進めた。

さらに、手に取ってもらわなければおいしさもわからない。商品を入れるパッケージは非常に重要だ。ひたすら「見た目のいい」パッケージを考えた。安さを売りにする商品ではないから、紙パックではなく瓶がいい。女性でも手に取りやすく、それでいて日本酒の格調にも似た品の良さを出そうとした。

中身は本格派だが、パッケージはスポンジ生地を採用してポップにした。そして、こだわりを表には出さないということを心がけた。「こだわり商品」を造るときに犯しが

「鶴梅」シリーズ

ちなのだが、中身へのこだわりが出すぎてパッケージにまで表れてしまうことがある。しかし、問題は買う消費者がどう感じるかということだ。日本酒の酒蔵が持つこだわりがただの押し付けになったとき、消費者は逆に格好悪いと感じてしまう。とくに梅酒のターゲットである若い消費者を遠ざけてしまうのだ。

名前には思い入れを盛り込んでいる。かつて平和酒造の代表銘柄は「和歌鶴《わかつる》」だった。昭和の時代を支えた商標だったのだが、商標権の問題があり現在では残念ながら使用できない。その「和歌鶴の梅酒」を略して「鶴梅《つるうめ》」としたのである。この由来が、スポンジ生地を使いながらも、ある種の格調を生み出しているようにも思える。

このラベルはもちろん機械で貼《は》ることができない。一枚一枚丁寧に人の手で貼っていくが、最終の検品の意味合いも込めている。

こうして二〇〇五（平成一七）年一一月、「鶴梅」シリーズが誕生した。じつはそれをさかのぼる半年前に「八岐《やまた》の梅酒」を発売している。中身の梅酒は試作に試作を重ね最高の素材を使い、またラベルには金箔《きんぱく》、銀箔、赤箔まであしらってこだわり抜いた渾身《こんしん》の自信作であった。だがさほど売れなかった。

何ていうことはない。「こだわり商品を造るときに犯しがちなのだが」と前述したが、それは私の体験談なのだ。要するに、消費者を無視した自己満足のパッケージを作ってしまっていたのだ。

そうした反省から生まれたのが「鶴梅」で、現在では平和酒造の大きな柱の一つとなっている。初年度の出荷数量がわずか五〇〇〇本（各サイズ合算）だったものが現在では四〇万本（同）にまで育っている。

「紀土」誕生

二〇〇六（平成一八）年四月、鶴梅の成功を受けて、いよいよ高付加価値の日本酒造りを意気揚々と始めた。生み出した日本酒は二種類あり、一つは、地元和歌山限定販売の純米酒「紀美野《きみの》」である。命名は、二〇〇六年一月に町村合併して新たに誕生した「紀美野町」からとっている。平和酒造のすぐ隣であり、古くは同じ地域とされた町だ。

ラベルはあえてレトロなものにし、私が個人的に好む「保守的な日本酒」を造った。私なりの「日本酒とは何か」というこだわりを凝縮した商品であり、「地酒とはまず地元で消費されるべきである」というメッセージを込めている。

パッケージに平和酒造の象徴である鶴、和歌山の象徴である梅、日本酒の象徴である稲をあしらい、真ん中に「紀美野」と墨で大書したこだわり抜いたデザインである。だがこれも売れなかった。

なぜだろう。私がこだわればこだわるほど力を込めれば込めるほど売れないのは。不思議でならない。自分で言うのもおかしいが、私は真面目なタイプなので、こだわるほど消費者にとって重すぎるものに仕上がってしまうのだろう。

そんな中、起死回生をねらい、背水の陣でスタートしたのが二つ目のブランドで現在の平和酒造の代表銘柄になっている「紀土《きっど》」である。

「紀土」では、純米酒、純米吟醸酒、純米大吟醸酒をベースに徹底的に味にこだわった高品質の酒造りをした。高品質であれば必ずお客様が求めてくれることを「鶴梅」の成功から確信していた。

最も頭をひねったのは、ネーミングである。日本の若者に飲んでもらいたいし、世界の市場にも打って出たい。日本の伝統や和歌山の風土を醸《かも》しながらも革新的でなければならない。「紀美野」とはまったく逆のコンセプトが求められる。それは自分の壁との戦いであり、自分の中にある保守的な志向を捨てなければならなかった。

私が最も重視したのが「一度で覚えられる名前」であることだ。かつ、メインターゲットである若い男性が好む濁音を入れたかった。「ゴジラ」「ガメラ」「ガンダム」など、濁音がつくものは耳に残りやすく、力強さがある。

考えに考えた末、「紀州の風土」の意味を込めた「紀土」にたどり着いた。欧文では

「紀美野」シリーズ

KIDと表記する。

また、これから若い蔵として育っていきたい、日本酒文化を育てたいという意味合いを「キッド」という読みに込めた。パッケージはそれまでの失敗を反省し、こだわりを捨てシンプルなものにした。「紀」と「土」だけを大きくあしらい、またエンボスで「KID」と入れている。若い人が飲むときに、テーブルに並べて異和感のない雰囲気を持たせることを心がけた。

初年度の出荷数は三〇〇〇本（各サイズ合算）、その後、順調に売り上げが伸び、二〇一三（平成二五）年度は一〇万本（同）を出荷している。悲願の「高品質・高付加価値の日本酒」造りの第一歩を踏み出すことができた。

流通経路の見直し

「紀土」や「鶴梅」の成功要因の一つに、流通経路の見直しもあった。

それまでの平和酒造は、他の多くの酒蔵と同様、卸問屋→小売店→消費者（個人もしくは飲食店）という経路で商品を流していた。つまり、消費者の手に届くまで、卸問屋と小売店で中間マージンが発生する。それらのマージンは商品の末端価格にのせられるから、消費者が負担することになる。安売りは断じてしないが、無用なコストはできる

「紀土」シリーズ

かぎりカットして、消費者が少しでも購入しやすい価格帯で販売したいと考えた。また、卸問屋は多くの小売店におろしていくため、消費者から見れば「どこでも売っている」ものとなり、あまり価値を感じてくれない。

そこで、「紀土」や「鶴梅」は、卸問屋を経ずに小売店（いわゆる「地酒屋」と呼ばれるところだ）と直接契約をすることにした。さらに、小売店を限定することにした。たとえば、それまで卸問屋を通じてその地域の小売店A社、B社、C社に平和酒造の商品を置いていたとすると、「紀土」と「鶴梅」はそのなかで最も私の考えと近いB社とだけ直接取引することにした。「今後、この地域では御社の店だけに置かせていただきます」と宣言したのだ。

これにより、B社は平和酒造の商品について勉強し、その魅力を代弁してくれる存在となった。品質には絶対の自信があったから、結果、B社は「紀土」や「鶴梅」を一押しの商品として扱ってくれるようになった。

小売店は、一緒に日本酒を売る大切なパートナーだ。だから私は、平和酒造の商品をゆだねる小売店を選ぶとき、その代表者と何度も会い、「この人と一生付き合えると思えるかどうか」を基準にしている。たとえば先方に不幸が生じたときに私の頭をよぎるのが、売り上げ減なのか、先方の痛みなのか、ということだ。後者を感じられる人とだけ、取引をする。

取引を決めるまでには、私がお店にうかがうだけでなく、どんなに遠くても平和酒造の蔵に何度も来ていただく。そして忌憚《きたん》なく意見を交換する。

「○○さんのお店がこの地域で非常に繁盛しているのは知っていますが、まだまだ日本酒の本質を理解されていないと思います」

ときには、こんな失礼なことを言って相手を怒らせるが、こちらはそれだけ真剣であるということだ。小売店が成功しなければ私たちの成功もない。胸襟《きょうきん》を開いて互いに意見し合える関係でなければ、日本酒の厳しい現状を生き延びることはできない。だから、失礼と思われることでも遠慮をすることがない。

こうした積み重ねが奏功して、小売店を通じて商品の価値を正しく消費者に伝える流れがようやくできた。加えて、「どこでも買える商品ではない」という付加価値も生まれた。

直販をしない理由

中間マージンをカットすることが目的であれば、小売店との取引もやめて、自社で直接販売をすればいいじゃないか、と言われることがある。しかし、そうする考えはない。流通経路の見直しをしたのは、中間マージンのカットだけが目的ではない。酒蔵に代わって商品の情報を正しく消費者に伝えてほしい、という思いがむしろ一番大きかった。納得できる中間マージンであれば、むしろ積極的に受け入れる。

平和酒造のウェブサイトでは自社商品を紹介しているが、そこから「購買」のページに飛ぶことはない。直販はしていないし、今後もする予定はない。

直販せずに、小売店での販売にこだわるのには明確な理由がある。

一つには、優れた小売店は酒蔵とは比べ物にならないくらいに消費者に近い位置にいるからだ。消費者がどんな飲み方をしているのか、毎晩、一人で晩酌をしているのか、夫婦なのか、ホームパーティで友人とピザなどの洋食を食べながら飲むのか、鍋を囲みながら飲むのか。飲むのは室内なのか屋外なのか。あるいは父の日のプレゼントなのか、お祝い事への贈答品なのか。シチュエーションに合わせて消費者に最適なものを提案してくれる。

「紀土」シリーズにも「鶴梅」シリーズにも、消費者の好みに合わせられるように複数のラインナップがある。そのときどきで、おすすめする商品は異なるし、おいしく味わうための注意事項やヒントもある。消費者とダイレクトに接する小売店は、酒蔵にとってなくてはならない存在なのだ。

一本一本味が違う日本酒の特徴を考えると、対面でのこうした接客と説明が最も理想的だが、昨今の時代状況から日本酒も逃れることはできない。小売店が商品を正しく説明したうえでのインターネット販売は行われている。「鶴梅」は楽天市場のリキュール部門ナンバーワンの売り上げを九年間ずっと守り続けている。

ならば、自社サイトでネット販売するかといえば、今のところその予定はない。対面販売には及ばないが、ここでも小売店を通すことで、平和酒造の商品に価値が生まれている。自社サイトでどんなに「高品質」「おいしい」を叫んでも、独りよがりの自画自賛で終わる。小売店が一押しすれば、それは客観的な評価として、消費者のもとに届く。

平和酒造の商品を正確に理解し、蔵にも何度も足を運び、夜ごと私と議論を交わした小売店だからこそ、安心して任せられるのだ。

流通の話が出たところで、よくある誤解について触れておきたい。日本酒に詳しくない消費者の方から「デパートの日本酒売り場に行けばおいしい日本酒が買えるのか」という質問を受けることがある。

有機野菜や珍しい輸入食品や素材、有名ブランドの食肉などがデパート地下の食品売り場にあることから、こうした誤解が生まれるのだと思う。

大手酒造メーカーの日本酒は、卸問屋に出され、そこから小売店に行く。一方、平和酒造のような小さな地酒メーカーは、前項で触れた「限定流通」を採用しているところが多いのだが、多くの消費者はその流通事情を知らない。「街の酒屋さんよりデパ地下に行ったほうが珍しくておいしいお酒が手に入る」と思い込んでいる。

たしかに、以前はどんな商品でも百貨店で売ることで一流とみなされたし、百貨店の売り場には豊富な商品知識をもつ店員がいて、聞けばなんでも教えてくれた。しかし、もはや百貨店にそのような機能はない。現在の百貨店は小さな店舗が集約された複合商業施設にすぎず、そこで働いている人たちもアルバイトやパートタイマーが多く、商品知識は語れない。とくに酒売り場においてはそれが顕著で、卸問屋から送られてくる商品を並べているだけだ。

そもそも、志ある地酒の酒蔵の多くが卸問屋を通していないのだから、卸問屋から仕入れている百貨店ではいい酒は買えないということになる。「百貨店では高い酒は買える。でもおいしい酒は買えない可能性がある」というのが本当のところだ。

「工場」ではなく、あくまで「酒蔵」

平和酒造は、約八〇〇〇平方メートルの敷地内に事務棟と蔵が建っている。現代風にいえば本社と工場ということになるが、私は、酒造りの場はあくまで「酒蔵」と呼ぶことにこだわっている。

「工場」というと、コンクリートの四角い建物を想像する。大量生産のラインがあり、オートメーションによって次々と商品が製造され、箱詰めされるイメージがある。そこでは「人」の存在感がない。

「酒蔵」といえばイメージは大きく異なる。木造の平屋建てで、一〇〇年、二〇〇年と続いてきた黒光りするような建物が目に浮かぶ。そこに似合うのは「機械」ではなく「人」だ。平和酒造の酒は、酒蔵で蔵人たちが造っているのだということを、私はいつも心に置いている。

これまでにないネーミングを考えたり、販売チャネルを変えたりと、どちらかというと革新的なやり方をしているが、それができるのは、伝統という幹はしっかりと守っているという自覚があるからだ。壊すべきは、日本酒造りにメリットをもたらすことのない旧習であり、日本酒が日本酒の価値を堅持するために必要な「伝統」や「ものづくり」精神は守るというのが、蔵元としての私の基本的な姿勢である。

平和酒造が創業したのは昭和の時代だから、何百年と続いている酒蔵に比べれば歴史が浅い。しかしそれでも、長い月日をかけて培われた独特の技術や工夫がある。高品質な日本酒を造るという目的と照らして、必要であれば残すし、現代の技術を取り入れたほうがより高品質な日本酒造りができるというのであれば、たとえ長い年月をかけて培われた技術であっても捨てる。ここでのポイントは、「高品質」のためには古い技術や工夫は捨てるが、「量産体制」のために捨てることはしない、ということだ。

酒造技術の発展は日進月歩である。この間までは理論上説明がなされていなかったり、数値上でとらえられていなかったりすることが、急にわかるようになることがある。伝統技術をベースにしながらも、最適な最新技術を組み込みアップデートしていくことで品質が上がる（第五章で詳述）。

その一方で、平和酒造にいまも残る古き良き手法もある。その一つが柿渋《かきしぶ》の活用だ。柿渋は、渋柿をつぶして果汁を発酵させたもので、柿のタンニンが膜をつくる性質を利用して、平安時代から塗料として使われてきた。平和酒造の酒蔵では、春がきて酒造りが終わると、蔵人が全員で蔵の内壁に柿渋を塗る。半年間、休みなく稼働する蔵の壁は疲弊している。そこに柿渋を塗り、次のシーズンに備えるのだ。

ペンキなどの化学塗料を塗る方法もあるが、いまでもあえて柿渋を使っている。塗り立ては独特の異臭がするが、一ヵ月ほど経過すると匂いがきれいに消えて、蔵の中の湿度を適正に保つ効果がある。これが、温度と湿度に作用される酒造りに絶妙な効果を発

繁忙期が終わると、壁や柱、階段に柿渋を塗る

揮する。こうした実利のほかに、柿渋を塗るという行為によって、酒造りという仕事の伝統の味と「美しさ」を蔵人たちに実感してもらう効果もある。

これは一例だが、「古き良き手法」だから守っている。ただの「古い手法」にこだわるつもりはないから、メリットのないもの、むしろ弊害と思われるような旧習はいろいろと壊してきた。なかでも、力を注いできたのは、前述の「ブラックボックス」＝「杜《と》氏《う》《じ》依存の酒造り」の見直しと、季節雇用の廃止である。

エースとキング、そしてブラックボックス

平和酒造が日本酒業界の中で光を放つためには、「人」がカギを握ることは東京から戻ってすぐに直観した。人材の重要さは、前職の人材関連ベンチャー時代に学んだこともあったが、じり貧の日本酒業界で似たような酒蔵がひしめきあうなか、平和酒造の存在感を高めることは、どう考えても、経営者の努力だけでは不可能だった。

季節雇用を廃止し、どのような人集めと組織づくりをしてきたか、杜氏依存の酒造りをどのように見直し、どのように変えていったのかについては、それぞれ第三章と第四章でご紹介する。ここでは、そもそも酒造りとは従来、どのようなシステムで行われてきたのか、酒蔵の伝統的な「人事」について説明しておきたい。

かつての平和酒造は、他の酒蔵と同じように、杜氏とその下で肉体労働をする季節雇用の「蔵人」を冬だけ雇い、酒造りをしてもらっていた。ちなみに杜氏とは、酒造りの責任者で、各酒蔵に一人ずついる。国家資格ではなく、酒蔵ごとに自由に決めて選んでいるにすぎない。

経営者は酒造りの現場に立ち入ることはなく、「蔵人」たちに報酬を支払い、彼らの働く場と寝泊まりする場を提供し、できあがった酒を売っていた。つまり「製造」と「販売」が明確に分かれていたのだ。今風にいうと、杜氏もその配下のスタッフも「社員」ではなく、請負契約によって酒造りをしていたということだ。

こうした旧習のもとにできあがったのが、序章で触れた「ブラックボックス」だった。

私が平和酒造に入って最初にやったことは、蔵（製造現場）への立ち入りである。最初のころは蔵に入ると、杜氏も「蔵人」も不審なものでも見るかのようなまなざしを私に向けていた。「専務、何しに来たの？」という反応だった。

父が言っていた「蔵はブラックボックスだ」の意味がよくわかった。父の時代までは、急ぎで大事な用件があるときか、お客様を案内するとき以外は、経営者が蔵に立ち入ることはなかった。それでも父は「それが酒造りのよさでもある」とも言っていた。

杜氏に任せていれば酒ができてくる。経営者が立ち入る必要はないと。だから父は、酒造りについては一切知らない。あえて知ろうとしなかったというほうが正確かもしれない。

じつは現在でも、全国の酒蔵の九割はそのような状態が続いていると思う。蔵は非常に閉鎖的で、経営者は酒造りのことを知らない。

こうした酒造りのシステムは、古くから連綿と続けられてきたが、明らかに時代に取り残されている。働く人の意識も、雇う側の意識も、そして何より、消費者の飲食に対する考え方や志向が大きく変わった。消費者のニーズに応えるような酒造りをするにも、若い人たちに高いモチベーションをもって働いてもらうにも、何百年も前の雇用システムや組織では無理に決まっている。

製造と販売の分離は、無責任さを共有できるシステムでもあった。造り手は売り方に、売り手は造り方に無関心でいられた。それでもやってこられたのは、日本酒を飲む習慣が日本人にあった時代、造れば売れる時代が長く続いたからだ。

近年になって「蔵元杜氏」という概念が生まれた。経営者が製造から販売までをすべて担うというもので、蔵元（経営者）が杜氏をつとめる。それにより、自分が造りたい酒を造り、それを求めてくれる消費者に自ら届ける。地酒の酒蔵の多くが、今はこのスタイルをとっている。

では、平和酒造はどうかといえば、私は蔵元（経営者）であるが、杜氏ではない。これは矛盾ではない。なぜそうしているのかといえば、これも「人」と「組織」について考えた末のことだ。杜氏と蔵元は、トランプのエースとキングのようなものといえる。その両方を平和酒造の後継者である私が押さえてしまったら、蔵人たちのモチベーションはどうなるのか。私と思いを一《いつ》にして、高品質の酒造りに情熱を傾けてくれるだろうか。あくまで「使われる」立場でのモチベーションで終わるのではないか。

エースとキングを私が押さえたら、蔵人たちはどんなにがんばってもクイーンやジャックでしかない。最初から上がりは№３と決まってしまう。蔵人たちから希望の芽をつみとることになる。

私が平和酒造に入ったとき、すでに若手の杜氏が育っていた。彼の仕事を奪うようなことはしたくなかった。それに、若い蔵人たちの将来の夢のためにも杜氏というポジションを残してやりたいと考えた。

ビジネスとしても、蔵元の役割に徹して広く世の中に出ることで、杜氏に対してさまざまなフィードバックや提案ができる。対外的にも杜氏はキングのカードとしてエースと別に動ける。杜氏の肩書は、ある局面では蔵元より重い。これからの平和酒造では、ブラックボックスのない、「蔵元と杜氏の新しい関係」を模索することにした。

伝統と閉鎖性は違う。私は個人的には保守的で伝統を重んじると書いたが、ビジネスに関していえば、というより、硬直して閉鎖的な日本酒業界においては、非常に現代的で革新的な人間だ。その私が古い体質の酒蔵に経営者として入ることで、現場はどれほどとまどったか。私が入るビフォーとアフターで、蔵がどれほど変わったか。次章以降、具体的に書いていこうと思う。

第三章　〈脱・季節労働〉の雇用システム

会社はだれのためにあるのか

企業は人なりとは、いまさら私が言うことではないだろう。どれほど多くの経営者がこの言葉を口にしてきただろうか。しかし、実際はどうだろうか。「人」がないがしろにされているのが今の日本ではないだろうか。

入社式の日、新入社員を前にして社長が次のような訓示を述べたとする。

「諸君、入社おめでとう。ご存じのように我が社は堂々たる一部上場企業です。ところで、うちのような会社はだれのためにあると思うか、わかる人は手を挙げてください」

「はい、お客様のためです」

「なるほど。そこの君はどう思う？」

「日本のためです」

新人らしい初々しい答えが続く。そこで社長は言う。

「残念ながら正解はありません。株式会社というのは株主のためにあります。われわれは株主の利益のために働いているのです」

私ならば、こう思う。「こんな会社では働きたくはない。選択は失敗だった」。経営者にそう言われて働く意欲の出る人はそうそういない。

株式を公開している企業が株主利益を考えるのは当然だろう。しかし、その利益を出すのはだれかといえば、そこで働く社員以外にいない。

二〇年ほど前から、日本企業でも欧米型の経営が取り入れられるようになった。そこでは、株主にどれだけ利益を分配できるかということが強く問われる。株主の利益を追求していけば、社員の給料はできるだけ安く抑え、サービスを提供している顧客からは最大の利益を奪えということになる。しかし、こうした企業姿勢は、おそらく日本人のマインドには合わない。

じつは私自身、和歌山に戻ってきてすぐのころ、欧米型の会社経営に憧《あこが》れてその方向へ舵《かじ》を切りかけたことがある。年俸制や成果主義を取り入れ、優秀な従業員には篤《あつ》く報いようとしたのだ。

「あなたには将来、年収一〇〇〇万円を取るようになってほしい。そのつもりでがんばってください」

私は社員に発破をかけた。というのも私自身が成果主義を喜ぶタイプだったし、実際に一〇〇〇万円プレイヤーを出したかった。地方の小さな企業に一〇〇〇万円プレイヤーはなかなかいない。そんなプレイヤーがたくさんいる会社は従業員から見ても魅力的なのではないかと思ったのだ。

ところが、そうではなかった。

「僕は一〇〇〇万円じゃなく六〇〇〇万円でいいから、残りの四〇〇〇万円をほかの人がもらえたほうがいいです」

ある蔵人《くらびと》が言った言葉に私は驚いた。

平和酒造《へいわしゅぞう》に入ってくるのは「ものづくり」がしたいという人たちだ。彼らは、自分がいいものをつくりたいのであって、人に勝ちたいのではない。たとえ自分が一〇〇〇万円もらっても、まわりが年収二〇〇〇万円で苦労をしている姿を見たとき、楽しく働ける人たちではないのである。

これはたぶん、日本人の美徳の一つだ。狩猟民族なら一頭の獲物をめぐって奪い合いに勝たねばならない。しかし、農耕民族である日本人は昔からみんなで力を合わせて収穫をしてきた。怠け者と働き者が一緒に稲作をするときもあるが、怠け者には米を与えないなどということはしない。「あいつ、働かないよな」などと文句を言いつつも分配していく社会なのだ。

こうした日本社会で、「会社はだれのためにあるのか」といったら、絶対に「株主のため」であるはずがない。

従業員に高いモチベーションを持って働いてもらうためには、所属メンバー全員が喜べる状況をつくる必要がある。その次にお客様を喜ばせることを考え、株主の利益はおそらく最後だ。

これは株主にとって不利益なことではない。利益が上がらなければ分配ができない。従業員のモチベーションなくして利益は上がらない。カリスマ経営者が恐怖政治を敷けば短い期間ならば利益を上げることはできるだろう。しかし、長続きはしない。有能な従業員はやめていき、よそに行けずに仕方なくやめられない従業員だけが残る。

日本人のモチベーションは成果主義によって高まることはない。ことに酒蔵《さかぐら》のような「ものづくり」の現場においては、なおさらである。

大学卒業後、外資系のコンサルティング会社への就職を考え、内定を得たことがある。大企業志向ではなく、ベンチャー志向でもあった。つまり私はかつて、欧米型の成果主義に共感していた。告白するが、自己の利益を一番に追求し、どこまで自分がその競争の中で勝ち抜けるかを試してやりたいという、そんな気持ちに支配されていた。いくらになるかわからない「ものづくり」を志す人を、ばかにしていた自分があったと思う。

それが、平和酒造に入社して考えが変わった。同時に、「ものづくり」の現場で働く人たちを心からリスペクトするようになった。

そして私は、日本的経営のよさを見直すと同時に、蔵で働く人々を酒造りの間だけ雇う季節雇用にも強く違和感を覚えるようになった。それが「社員蔵人制」をとり入れることにつながっていった。

「派遣」という麻薬

「社員」にこだわるのには、もう一つ、理由がある。

私が最初に就職した人材関連のベンチャー企業は、簡単にいうと派遣事業だった。その経験から言えることは、人材はアウトソーシングに頼らないほうがいい、ということだ。さんざん営業をかけておきながら何を言うのかと、当時の取引先には怒られてしまいそうだが、それは現在の経営者としての私の譲れない基本姿勢である。

なぜか。そもそも費用面では派遣会社の利用は割高だ。アウトソーシングには中間マージンが存在し、利用する側にしてみればその分だけ費用をかけることになる。しかし、このことは派遣会社を利用しない直接的な理由にはならない。

私自身が営業トークで使っていたのでわかるのだが、一人の人を採用し教育し管理するには、じつはかなりの費用と手間がかかる。派遣会社が大量に広告などを使って採用を行い、同時に教育をほどこすほうがトータルコストとしては安くなることが起こりうる。また必要な量を必要な分だけ必要なときにすぐに集められるということは、余剰人員を抑えられるということであり、総労働者数の抑制にもつながる。場合によってはコストの削減効果が見込める。

したがって、季節によって労働量の波が大きい職種や業績が急伸し、成長にマンパワーが追いついていない場合には、一時的に使うことは否定しないし効果的でもある。

しかし、この派遣というスタイルは使い始めるとそれだけではすまない。社内のさまざまな業務で派遣会社を利用するようになり、それがやがて常態化し、きわめて重要な職種まで浸食され固定化していく。まるで麻薬中毒になったかのように「やめられない」状態に陥っていく。

どうしてだろう。それは、人事担当者や管理者にとって楽だからだ。余計な募集や面接業務がない、教育が必要ない、はては人間関係を構築しなくてもよい。派遣というスタイルは、人事担当者や管理者の業務量を大幅に減らす。何か問題が起こっても、派遣会社にクレームを入れれば、営業担当がすっ飛んできてくれるだろう。

いいことづくめのようだが、裏を返せば、派遣会社を利用し続けるということは人材に対しての無関心を意味する。「企業は人なり」と言いながら、これではだめだ。人というのは本来的に手間がかかるものだ。それを惜しんでは組織がぼろぼろになる。だからこそ、重要な酒造りの現場を派遣社員などの非正規雇用ですませたくないと考え、蔵人はすべて直接雇用する形に切り替えた。

自社に合った優秀な人材を確保するのは骨の折れる仕事だ。私は年間三〇〇時間以上、採用のために使う。わずか一人二人の社員採用のためにだ。しかし、採用試験の面接でどんなに優秀に見えた人でも、一緒に仕事をしてみないとわからない。とくに、異業種から飛び込んできたような人の場合、その仕事をやってみたらまったく合わないということが起きる。

さらにやっかいなことには、他の人間に悪影響を及ぼすような人間を採用してしまうリスクがあるということだ。そのような人が一人でもいれば、悪貨が良貨を駆逐するかのごとく、社内の雰囲気が悪くなっていく。そして、そういう人に限って、なかなか自らやめることはない。

しかし、そのようなリスクは避けることができない。採用ということをしていれば、ある確率で当たりもあればはずれもある。失敗を恐れて、あるいは懲りて、正規雇用に二の足を踏むのは、確率論からいっても得策ではない。

引けるくじが一〇本あって、当たりが三本、大はずれが三本入っているとする。一〇本すべてを引くことができれば、大はずれの三本も引くが当たりの三本も引ける。くじを引くことを放棄してしまったら、大はずれもない代わりに当たりもない。私は社員の採用は、最重要業務だととらえている。

季節雇用から通年雇用へ

日本の多くの酒蔵は、必要な時期だけ従業員を雇う「季節労働雇用」だ。私が戻るまでの平和酒造も同様だった。

さまざまな菌が飛び交う夏場は、日本酒の発酵には適さない。そのため、よほど設備が整った大手酒造メーカーでない限り、「寒仕込《かんじこ》み」といって、寒い冬場に酒造りを行う。

平和酒造でも、酒造りの繁忙期は一一月から三月にかけてで、プラスその前後一ヵ月ずつ、つまり一〇月から四月まで季節雇用者に住み込みで働いてもらっていた。夏場は農業などの仕事があるが冬場は雪に閉ざされてしまう北国の出稼ぎ労働者を、半年契約で雇用するというものだ。

日本中の酒蔵がこうした雇用形態をとってきたため、今も杜氏《とうじ》や蔵人の多くが北国に集中している。

このシステムは本当によくできたものだった。蔵元にしてみれば、夏場は人を雇うほどの仕事がないから、通年で雇うと余計なコストがのしかかってくる。寒仕込みのあいだだけ働いてくれれば助かる。働くほうにしてみても、夏場は地元で農作業があるから冬場だけ働けるのは好都合だ。季節労働の蔵人は、「タンクの中を酒で満たして帰る」という使命を忠実にこなしてきた。

現在も、季節雇用をしている酒蔵はあるが、季節労働者の高齢化が進み、このままでは立ち行かなくなることが見えてきた。私が平和酒造に入ったときにも、その問題に直面していたから、「季節雇用をやめて通年雇用に、そして社員に」という私の提案はすぐに受け入れられた。

それまでの平和酒造では、蔵で酒を造るのは季節雇用者、それを売るのは社員という明確な線引きがあった。それを根本から変え、自社の従業員のみで酒造りのすべてを担う「社員蔵人制」をとることにした。

そのためにはまず、社員の割合を増やさなければならない。しかし、社員を増やしてしまって仕事の少ない夏場をどうするか。その問題を解決したのが新しい商品開発だった。

私が平和酒造に入って最初に手がけたのが「鶴梅」シリーズであり、平和酒造の存在感を高めるために、和歌山名産の「梅」に目を付けたことは前述した。じつは梅酒造り

蔵の中にある休憩室で蔵人たちと（左から２人目が筆者）。この部屋はかつて季節雇用者の宿泊室だった

にはもう一つ、大きなメリットがあった。梅酒造りは夏場の仕事である。冬には日本酒を、夏には梅酒を造れば、通年雇用は十分に可能だ。

さらに蔵人には、蔵の中で酒を造るだけでなく、外に出て販売促進も担ってもらえばいい。全国各地の小売店に立っての試飲販売会も、夏場に集中している。逆にいえば、社員だからこそ、こうした販促の担い手にもなってもらえる。

社員蔵人制は、こうしてスタートした。

就職情報サイトを通じて二〇〇〇人がエントリー

日本の人口は減少の一途をたどっており、おそらく歯止めはかからない。もちろん、労働人口も右肩下がりのラインを描く。

そんな状況において、日本酒業界の人材採用はこの先どうなっていくのだろうか。

「肉体労働だし、零細企業が多いし、圧倒的に不利」と言う人もいる。しかし断言しよう。酒蔵は優秀な人材を集めやすい業種だ。

日本酒は直接消費者の目に触れる商品であるため、広く一般に、仕事のイメージを伝えやすい。

「自分の手でおいしいお酒を造ってみたい」

「酒蔵で働いてみたい」

そう考える若者は必ずいる。問題は、そうした人をどうやって集めるかにある。

平和酒造では、パートやアルバイトを募集するのにハローワークを使っている。社員についてもハローワークを通して募集をかけてみたこともある。しかし、ハローワークでは「和歌山県」「海南市《かいなん》」という地域限定の募集になるので、私が望む「社員蔵人」候補はなかなか集まらなかった。「家から近いから」とか「正社員になりたいから」という人ばかりで、「酒造りをしたい」という強い情熱は持ち合わせていないのだ。

それではこれまでの季節雇用と変わらない。いや、酒造りという過酷な仕事を理解していない分、季節雇用より悪いかもしれない。私が求めているのは、日本の文化に関心があり、酒造りの仕事に誇りをもち、外の世界に対しても発信する力のある新しいタイプの蔵人である。そもそものような人材が、田舎の和歌山のハローワークで仕事を探している確率は低い。

そこで私は、全国から蔵人を募集することにした。それも、大学・大学院の新卒がターゲットだ（その理由は後述する）。とすれば、方法はすぐに見つかる。地方の酒蔵としてはかなり珍しいと思うが、就職情報サイトを利用することにした。コストはかなりかかるが、優秀な人材が一人でも見つかればその価値はあると考えた。

毎年二〇〇〇を超える大学生・大学院生からのエントリーがあるが、この段階では「とりあえずエントリー」組が少なからず含まれる。そこで、エントリーしてくれた人たちにメールを送り、やや面倒なエントリーシートを提出してもらう。具体的には、時間を費やさないと書けないちょっと難しい課題を出している。「とりあえずエントリー」組は脱落するか、不完全なシートを送ってくるから、ここで最初の絞り込みができる。

ほかにもいくつかの「振り落とし質問」に答えてもらう。これで、二〇〇〇人が三〇～四〇人に絞られる。

この三〇～四〇人の出身地は、北海道から九州まで、日本全国に散らばっているが、平和酒造まで来てもらい、一人ずつ面談する。私からは会社の説明を行い、志望者からは動機などをじっくりと聞き、蔵人たちとも話をしてもらう。さらに適性検査も受けてもらうので、一人につき三時間ほどかかる。四〇人に行えば一二〇時間だ。この間、私はほとんど仕事にならず、蔵人たちの負担も増える。しかし、それをやる意味は十分にある。

その人の性格や働き方は、入社してきてからでないとわからないが、それでも三時間を費やせば、少なくとも平和酒造に向いていない人はわかる。

このやり方は、応募してくる学生にとっても有益ではないだろうか。志望者の多くは、酒造りの仕事についてよくわからないまま平和酒造にやってくる。酒造りという仕事にロマンなり夢なりは持っているが、それがうっすらとした憧《あこが》れなのか、それとも本気なのか、志望者自身も曖昧《あいまい》なのだ。

私は志望者に、休日が少なく激務であること、販売促進も担ってもらうことなど、包み隠さず話す。その「現実」と自分が思い描いていた理想とのギャップが大きければ、平和酒造に入社しないほうがいい。幻想や錯覚を抱いたまま入社しても、お互いに不幸なだけだ。

採用したいと思う志望者は、面談まで進んだなかで一〇人に一人いるかいないか。年度によっては、一人も採用に至らない場合もある。

そのことは、面談した学生にもはっきり言っている。

「今回の採用試験にはずいぶんお金を使っていますが、それもすべていい人を採用したいからです。中途半端な人数合わせの採用はしません」

採用は賭《か》けであり、どの人に何枚チップを置くかを考えることだ。Aさんに全部置くのか、AさんとBさんに半分ずつ分けて置くのか、それとも「今回は賭けない」と思って引くのか。

大企業の採用は、二〇枚のチップを用意したら、それらをすべてだれかに置ききる。そもそも、当たりはずれは織り込み済みであるし、その年の採用が失敗だったとしても、会社はびくともしない。しかも、実際に一緒に働く人間と採用担当者は別だから、その人材の採用を決めたことで全責任を負う必要もない。極端なことをいえば、人によって評価の尺度が異なる精神性は二の次で、出身校や性別、健康診断の結果によって機械的にふるいにかけることになる。

採用の季節になると、心身ともにかなり消耗する。それだけ真剣勝負ということだが、これは小さな会社ならではの特徴であり、私の重要な責務なのだ。

ディスクローズの徹底

二〇〇五（平成一七）年から新卒採用を開始して、第一期グループが二〇代後半だ。杜氏の指示で酒造りをするだけでなく、ときには新商品のアイデアを提案することもある。夏場には、販促のために全国を飛び回る。そんな彼らにも、志望者に会ってもらうのは、経営者とは別の立場から、「酒造り」を語ってもらうためだ。

採用する側もされる側も心しておかねばならないのは、「装飾すれば不幸を呼ぶ」ということだ。男女関係に置き換えてみればよくわかる。その場限りの遊び相手が欲しいなら、バラ色の嘘《うそ》を言えば成功する。しかし、真剣に長く付き合いたいのなら、仕事のこと、収入のこと、家族のことなど、「本当のところ」を正直に話しておかないと、やがて不幸を呼ぶ。

現実を隠して装飾すれば、相手の期待は、自分の身の丈よりも高い位置で固定されるかもしれない。その期待に応えることは不可能なのだから、やがて関係は破綻《はたん》する。身もふたもない言い方になるが、時間を無駄に費やすだけで終わる。

もちろん、個人的な人間関係であれば、そうした経験も無駄にはならないかもしれない。しかし会社はそういうわけにはいかない。規模が小さければ、経営を直撃することもある。

会社と社員の関係が破綻する原因は単純ではない。どちらが先に原因をつくったのか、それは鶏と卵の関係にも似ている。

新入社員からすれば、入社前のイメージと入社後の現実に食い違いがある。「こんなはずじゃなかった」と「がっかり」する。モチベーションが下がり、そのために本来あったパフォーマンスが落ちてしまう。一方で会社のほうも自らがディスクローズできていなかったことを棚に上げ、パフォーマンスが上がらない社員を見つめ「こんなはずじゃなかった」と「がっかり」する。そして責任のある面白い仕事を与えなくなる。ますます社員は「がっかり」を増幅させていく。「がっかり」の連鎖だ。これは程度の差こそあれ、よく見られる現象だ。

だからこそ、入社してからの「こんなはずじゃなかった」「がっかり」を極力減らすためには、入る前に、平和酒造のことや労働環境について、できるだけディスクローズするにかぎる。

そのためには、経営者の立場にいる私だけでなく、実際に同じ仕事をして働いている先輩社員に正直に話をしてもらうのがよい。それも、一人ではなくて、複数のほうがいい。

これを言うと周囲からは驚かれるのだが、入社が決まるまでに五〜六人の蔵人を志望者に会わせる。

「冬場は休みも少なくて肉体的に結構きついよ」

「ご覧の通りの田舎だから服とか簡単に買いに行けないよ」

「大学時代の友だちともなかなか会えないしね」

「コンビニとかないでしょ」

入社してからの生活が具体的にイメージできるようにネガティブな話もしてほしいと蔵人たちにはお願いしている。

締めくくりは、私から労働条件や給与面の話をする。中小企業では、採用面接時に金銭面の話をしない会社が少なくないと聞く。これは、消極的装飾であるといえる。日本人は「お金の話」が苦手だが、労働契約において最重要項目であることに疑いの余地はない。

こうして毎年、私は蔵人と一緒になって、新しい仲間を探している。

高卒か、大卒か

今は大卒を積極的に採用しているが、平和酒造に入って採用を任された最初の二年間は、高卒を積極的に採用していた。というのも、当時の私は高卒で働こうという人たちに対して固定的なイメージを持っていたからだ。

「大学に行きたくても残念ながら機会に恵れなかったのかもしれない。そんななか、早く世の中に出て働こうというのは、しっかりしてるんじゃないか。その分、ハングリーにがんばってくれるだろう」

ある意味、ステレオタイプの思い込みである。戦後から高度経済成長あたりまでは、確かにそのような実態があったかもしれないと上の世代から聞いた。

そして現在、そのような高校生はほとんどいない。少なくとも、平和酒造の採用でかかわった新卒の高校生には、一人も見あたらなかった。考えてみれば、不景気とはいいながら飢えることのない現代の日本で、一〇代の若者にハングリー精神など期待するほうが無理な話だ。

平和酒造の新卒募集に集まってきた高校生たちは、「とりあえず就職しよう」という程度の動機だった。成績もよくないし、勉強は嫌い。受験勉強をするのも面倒。「だったら就職しろとまわりから言われるから」という意識だった。

この「とりあえず」組の第一志望は、公務員か大企業の社員だ。「とりあえず」安定した給料をとりたいと考えている。しかし、希望通りにはいかないものだから、「地元の酒蔵でも受けてみるか。とりあえず受かるだろう」と考えて平和酒造にやってくる。

公務員でなければ大企業、大企業に入れなければ中規模企業、中規模企業も無理ならさらに小さい企業……という序列で就職先を考えている。やりたい仕事があるわけでもなく、働くことが好きなわけでもなく、「少しでも条件のいい会社に入りたい」のだろう。

なかでも、都会に出ようとは思わず、生まれ育った地域で就職しようと考える高校生は、こうした安定志向が強い。

高校の新卒採用の慣習にも問題がある。大卒と違って、一人一人が就職活動をするわけではなく、企業は募集広告を高校に出す。高校側は、成績順に就職先を振り分ける。大きな会社には成績優秀な高校生を割り当てるのだ。そこには規模を尺度とした厳然たるヒエラルキーがあり、平和酒造のような小さな会社を割り当てられた高校生は、「自分の成績だったらここでもしかたない」というようなネガティブな気持ちで採用試験を受けにくる。

こうした状況を理解したのは、二年間で六人の高校新卒を採用したあとだった。「勤労意欲の高い蔵人を一から育てよう」と燃えていたが、私の空回りで終わった。

五人は、すでに平和酒造にはいない。しかも、そのうちの四人は同時にやめた。当時の社員は一五人しかいなかった。そのうちの四人が同時に「やめる」と言い出したのだ。仕事に大きな支障を来すのはもちろんだが、それよりも、一人前の蔵人に育て上げることを楽しみにしていた「平和酒造の未来」たちに、突然のNG宣言を突き付けられたショックが大きかった。

これには正直、かなりこたえた。現場に与えた混乱、ダメージ、新入社員を教育したコスト。失ったものすべてが私のいたらなさからだと感じたからだ。また組織変革している最中の平和酒造や私にとっては、敗北を意味するように感じた。

精神的にはかなりタフだと自分では思っているが、このときは睡眠障害に陥るほどだった。

そして大卒採用へ

中小企業の場合、大卒が来ないから高卒を採用しているという会社が少なからずあると思う。第一章で、「大卒が酒蔵で働いている」ことに中国人がひどく驚いたエピソードを書いた。中国ほどではないにしろ、現在の日本でもそのような固定観念がある。

高卒採用で二度程度失敗したくらいでは、「たまたま」失敗したのであり、次はよい人材を採用しようと考えるだけで終わるかもしれない。ところが私は違った。高卒がだめなら大卒を採用しよう、と考えたのだ。

社長に相談すると強く反対された。経営者として、大卒者それも新卒者を雇うことの重みに躊躇《ちゅうちょ》したのだそうだ。優秀であればあるほど、他社でも働ける前途有望な人の人生を預かることに不安を感じるとのことだった。つまりは、優秀ではなくて、平和酒造でしか働けない人材のほうが気楽でいいとのことだった。

しかし、優秀でない人をわざわざ採用するのは、未来を見据えた場合には好ましくないと私は考えた。手を抜いた採用をすることをしたくなかった。共に考え共に行動できる人を採用したかったのだ。このとき、長時間の議論をしたあと、最終的には私が押し切って、大卒の採用計画を進めることになった。

就職情報サイトで募集をかけることにしたものの、最初は正直、和歌山の酒蔵に大学生が応募してくるのかどうか、半信半疑だった。応募してきても数が少ないのではないか、有名大学からの応募はないだろう、などと予想していた。しかし、その予想ははずれた。

初年度から、日本全国の大学生が応募してきたのだ。大学名を見ると、国立大学が多く、大学だけではなく大学院修士課程の学生も含まれていた。

こうして、二〇〇七（平成一九）年四月、大卒の新卒採用第一号が、平和酒造に入社してきた。以来、ほぼ毎年、同様の採用を行っているが、結果を見れば、北海道大学、東北大学、三重大学、宮崎大学など、地方の国立大学出身者が多くなった。

大学名で選んでいるわけではないのに、なぜ地方の国立大学なのか。たぶんそれは、酒造りという仕事と相性がいいのだろう。それもウイスキーでもビールでもなく日本酒を選ぶメンタリティが、地方の国立大学を選ぶ若者のメンタリティと一致するからではないだろうか。都会的な派手さを好まず、地道な仕事を好む傾向があるのかもしれない。

なお、大卒採用者には、和歌山出身が一人しかいない。エントリー段階では、和歌山出身の大学生は多いが、ほとんど採用に至っていない。和歌山出身だから不合格にするということは決してないのだが、結果としてそうなってしまっている。

出身県の酒蔵への就職は、ふるさとでの就職である。高卒の特徴のところでも書いたが、地元で就職するということを最優先にしている若者が大学生にもいる。エントリーシートを読んでいて感じるのは、地元出身の志望者は、どの大学生も似たような志望動機を書いてくる。

「和歌山が好きなので、平和酒造の一員となって地元に貢献したい」

もしかすると、他の酒蔵なら、この志望動機で不合格にすることはないだろう。むしろ歓迎かもしれない。

残念ながら、平和酒造は、和歌山が好きな若者を採用したいわけではない。酒造りに人生をかける若者を探しているのだ。共に「ものづくりの理想郷」を目指す仲間を。

性別を問わない蔵人採用

和歌山出身者を意識的に避けているわけではない。私が求める人材であれば、出身地は関係ない。

私が考える採用の条件は三つある。

女性蔵人も男性蔵人と同様に

一つは、平和酒造が取り組もうとしていることに、強く共感できること。将来的にもずっと共感できるかどうかはわからなくても、少なくとも「今、会社説明を聞いて強く共感できたかどうか」を見る。

二つ目が、地頭《じあたま》が柔らかいこと。新商品開発、販売、社内外でのコミュニケーションなど、これからの酒蔵の仕事には地頭のよさがものをいう。

三つ目が、歯車にならない人であること。逆らう人がいいということではない。歯車で終わることなく歯車を回す人、言い換えれば自発的に動ける人を求めている。

これらの条件をクリアしている人なら、出身大学や学部は問わない（酒造りという特性から、結果として理系学部出身者が多くなってはいるが）。

そして性別も問わない。平和酒造には現在二名の女性蔵人がおり、これからも採用していくだろう。労働人口が激減していくことが明らかな時代、女性が男性と同等に活躍する道をつくらなければ、その会社は生き残ることはできないだろう。

男性と女性を区別せずに採用するのは、明確な意識を持っていないと難しい。まず、女性のほうが優秀に「見える」。それはおそらく、言語能力が男性より優れているし、真面目に勉強するためそのように見られやすいのだと思う。

中小企業の採用担当者が「優秀だと思うのは女性ばかりだ」と言っているのを何度か

読んだり聞いたりしたことがある。「男性のほうが優秀である」とはいえないのと同様に、「女性のほうが優秀である」ともいえない。こうした発言こそ、区別している証拠だ。

区別しないようにはしているが、それでも世の中の傾向として確かにあるのが、仕事から逃げる究極の選択として結婚をとらえている女性がいるということだ。男性には結婚退職がほとんどない。どのような生き方をしても自由だし、個人レベルでは、それも仕方がないだろうと思う。しかし、仕事の世界では、それは困る。男性と同様に扱っているのだから。

腹の探り合いをしても仕方ない。私はストレートに言う。

「つらくなったら結婚してやめればいいし、とりあえず就職しないと……などと考えている人とは働けません」と。

実際、入社したら拘束時間は長いし、肉体労働も男性と同じようにこなしてもらう。たとえ重い荷物を運んでいる女性蔵人が私の目の前にいても、荷物を私が持ってやることは絶対にない。私には私の仕事があり、彼女には彼女の仕事があるからだ。女性の筋力は男性に劣るから、その意味からすれば、男性より女性のほうが「つらさ」を強く感じるかもしれない。それだけに、むしろ酒造りへの情熱と心身のタフネスが男性以上に要求される。

女性蔵人の実際の働きぶりを紹介しておこう。

二〇一一（平成二三）年に新卒で入社した女性蔵人は東京生まれの東京育ちで、国立の中高一貫校を卒業し、国立大学で農学を専攻した。その専攻を生かし、彼女には田んぼと梅の木の管理を任せている。

平和酒造では、酒米《さかまい》の山田錦《やまだにしき》を自社の田んぼで育て、梅酒に使う南高梅《なんこうばい》も自社栽培している。ただし、米も梅も専門卸から仕入れているから、自分たちで育てている分は全体からみればごく一部である。にもかかわらず、なぜそのようなことをしているのかといえば、蔵人たちに酒造りの原料についても学ぶ機会を持ってほしいということが一つ、そしてもう一つは消費者との交流である。

ごはんとして食べる米と、酒の原料の米とでは性質がかなり違う。消費者参加の田植えや稲刈りを毎年実施しているが、その体験を通じて、日本酒についてより深く知ってもらい、また、日本酒が大地の恵みから造られていることを消費者に肌で感じてもらいたいからだ。

話を戻そう。田んぼは蔵の裏手にあるが、梅の木は車で数分ほどかかる丘の上にある。これらの様子を見に、毎日軽トラックを運転しているのが女性蔵人なのだ。彼女に

消費者参加の田植え。蔵の裏手にある田んぼで

は酒造りの仕事もある。働き始めた当初は休みの日は自室で体を休めるだけで終わっていたが、最近は遊びに出かける余裕ができたようで、車を一時間近く運転して関西国際空港まで行くこともあるという。「関空には、スタバもユニクロもあります。本屋もあるし、いろいろ食べられて便利なんです」とのことだ。

互いに納得のいく雇用形態を

平和酒造には、社員以外にパートタイマーとして働いている人たちが常時二〇人前後いる。年齢は三〇代から六〇代までで男性も女性もいる。正社員は新卒で入ってくるので社会的な経験が浅い。その点、三〇代以上になってから平和酒造で働くようになったパートタイマーは、新卒の弱点を補てんする役割を果たしている。

パートタイマーだからといって、だれでもいいというわけにはいかない。正直、なしでは成り立たないくらい重要な存在だからだ。

パートタイマーの場合、優秀な人材を確保するには、一定以上の時給が必要だ。平和酒造の時給を東京の人間に話すと、「家賃が安いのに、首都圏とあまり変わらない」と言って、驚いていた。

日本では、パートタイマーに対して生産性を斟酌《しんしゃく》した給与が支払われることはほと

「パートさん」と若い蔵人

んどない。もっぱら、「相場」で決められる。それは間違いだ。十把《じっぱ》一絡《ひとから》げに「相場」でくることはできず、能力や生産性は一人一人異なる。

平和酒造では、当人の個人的な事情によって、正社員からパートタイマーへ変わった例がある。このときの時給は、正社員だったときのボーナス込みのモデルから割り出した。当然、地域の相場よりも相当高くなるが、会社が必要としている人材ならば平和酒造にとっては適正な報酬なのだ。

こうした自由度の高い雇用システムは、規模が小さいからこそできることだ。会社の規模が大きくなればなるほど、「制度」にする必要が出てくる。そうなると、個々の能力や生産性を斟酌することができず、また勤務時間を型にはめざるをえず、優秀な人がやめるなどして生産性が落ちる。

加えて大企業には、法令遵守だけではすまされない縛りがある。「ブラック企業」と批判されているケースでも、労働基準法を守っていれば問題ないはずなのに、著名企業であるがために「あの〇〇社ともあろうものが、従業員を劣悪な労働環境に置いている」という批判にさらされることになる。

サボる社員も仕事に熱心な社員も同等に扱わなければならないのが制度であり、大企業だ。逆に言えば、中小企業はそうした制約から自由でいいはずだ。従業員と経営者が一対一の信頼関係を築くことができるなら、意味のない制度などは設けずに、互いに納得のいく雇用形態や給与額を決めればいい。

最近では、中小企業の個性がそがれて、大企業に従属するか、ミニチュアになってしまっていると前述したが、雇用についても同様である。少し大きくなると、制度やルールを整備しようとしすぎる。

中小企業は、大企業とは違うことができるメリットをもっと自覚してもいいと思う。

社会全体が幼稚化するなかで

私が新卒採用で数多く接してきたのは、ゆとり教育世代の若者たちだ。彼らは大人たちからいろいろと評論されている。「ゆとり教育の失敗で、学力や能力が劣っている」とまでいわれることもあるが、私はそうは思わない。私やその上の世代、さらにもっと上の世代のほうが、今の若者より学力や能力が優れていたのだろうか。もしそうであれば、今日の日本企業や日本経済の凋落《ちょうらく》をどう説明するのだろう。欧米のみならず、アジアの国々にも負けている現状を見れば、世代間の能力比較に意味のないことがわかる。

私が感じているのはそのようなことではなく、「どのように生きるか」ということに対する迷いが若い世代ほど強くなっているということだ。

「どのように生きるか」は「どのように働くか」と重なる部分が大きいはずなのに、切り離して考えている若者が多い。大企業信奉があって、就活をして、就職する。三ヵ月から半年という短期間で終わる就活は、人生全体からすればほんの一瞬にすぎないが、「どのように生きるか」を考える数少ないチャンスである。にもかかわらず、多くの若者は、大企業を信奉し、みんなに後れを取るまいと早々に就職活動をはじめて、大学四年になるころには就職先が決まっている。いってみれば、何も考えずにあっというまに通り過ぎていくだけだ。私には、人生の大問題を先送りにしているとしかみえない。

若者自身のせいではないだろう。世の中がそういう状況をつくっているのだ。もう少し早い時期から、「どう生きるか」「どう働くか」を考えさせるような環境を社会全体がつくっていく必要があるのではないか。

現状では、平和酒造といえど同じで若者たちは迷ったままの状態で酒造りに入ってくる。社会に考える環境がない以上、会社が教育していかなければならない。

今の日本人の精神年齢や社会的年齢は、実年齢に比べて相当若い。寿命が延びただけではなく、人々の意識も大きく変化した。ＳＭＡＰを見て思う。昔なら、アイドルといえば二〇代前半だった。それが今や、三〇代になっても四〇代になってもアイドルだ。

若くなったといえば聞こえはいいが、日本の社会全体が幼稚化しているように思えてならない。

現代の若者が迷ったりさまよったり、あるいはフワフワしているのは、そうした社会全体の幼稚化と無関係ではないと思う。

社会が幼稚化しているから、当然、若者に対しても過保護となる。親が過保護というのではなく、社会が過保護なのだ。結果、実年齢よりも精神年齢が低くても許されている。

「若手の夜明け」の「若手」という言葉にも、個人的にはそろそろ違和感を覚えている。私はあと四年もすれば四〇歳だ。「若手」には「未熟でも許される」という意味が含まれている。本来であれば三六歳で「若手」はないだろうと思う。「新しいチャレンジをみずみずしい感性で行っていく」くらいに現時点では自己解釈しておく。

しかし考えてみれば、日本社会全体が「幼稚化」をうまく利用しているともいえる。たとえ三〇代でも、見た目が若ければ「アイドル」のままで十分にいけると、芸能事務所やスポンサー企業は考えている。しかも、精神的に不安定で社会性もない一〇代や二〇代のアイドルよりも、三〇代や四〇代のほうが落ちついていて扱いやすい。その結果、「実年齢よりも若く見える」タレントの露出が多くなる。

人間には、実年齢に合わせて精神年齢を成長させる能力があるはずだが、能力は使わなければ退化する。人間が変われるのは二〇代半ばまでではないだろうか。それまでに、精神年齢を成長させるような環境や教育が必要だと思う。過保護にしていると成長の芽をつむことになる。

いくら家庭が厳しくても、社会全体が過保護であれば、逃げ場はどこにでもある。社会全体が変わらなければならないと思うが、現状では、ここまで書いてきたとおりだ。とすれば、会社が社会の代わりをしなければならない。

ものづくりを通して、生きること、働くことを考えてもらう。これも平和酒造の一つのテーマであり、まず入社から三年間が重要だと考えている。

第四章　〈脱・職人気質〉の組織づくり

経常利益の四割を採用・教育に

平和酒造では、社員の採用と教育にかなりの資金を投入している。新卒採用時には、求人広告やら諸経費で一人につき一〇〇万円ほどかけている。入社してからも、研修会や社外見学のための交通費や宿泊代、食事代などにかかるから、それらを合計すれば経常利益の四割ほどになる。

毎年多くの新入社員を採用して、同期の中で一人でも優秀な人材が育てばいい、という大企業とはわけが違う。新卒を毎年募集しているが、採用に至るのは多くても二人である。たった二人になぜそんなコストをかけるのかと言われそうだが、たった二人だけだからこそ、お金も時間もかけるのだ。

どんな会社も、投資額でみたときに、日々の人件費は思いのほか巨額である。ひと月三〇万円という金額の価値を考えたとき、人件費にあてようと思えば一人分にしかならない。社会保険や福利厚生費を加えたらこの金額でも足らないが、ほかのことに使おうと思えばいろいろなことができる。東京でオフィスを借りることもできる。

ひと月で三〇万円、ボーナスや諸費用を入れて年五〇〇万円、一〇年働いてもらえば一人あたり五〇〇〇万円、三〇年なら一億五〇〇〇万円の投資になる。その投資額（リスク）を考えると、良い人材を採用して良い教育を施すためにかけるコストは非常に小さい。

したがって人材の採用は慎重になるべきで、採用したのちもその人材の伸《の》び代《しろ》を広げるための教育は、経営者にとってはかなり優先度の高い仕事だと思っている。

一〇年で人件費五〇〇〇万円に対して、研修費は年一二万円ほどだとすると一〇年で一二〇万円だ。五〇〇〇万円のオプションとして考えれば一二〇万円はそれほど大きくない。さらに五〇〇〇万円は低いほうかもしれない。優秀な人材となれば、もっと高くなる。

私がここまで人材にこだわるのは、平和酒造をものづくりの理想郷にしたいというのが一つ。しかし、正直に告白すれば、ほかにも理由がある。

私は志の高い人間とだけ仕事をしたい。志が高ければ明確な意見をもっている。それを経営者である私にぶつけてもらいたい。むしろ歓迎である。さらに、志の高い人間は行動にあらわす。放っておいてもいい仕事をする。そういう人材が意見を言ってきたとすれば、意味がある。こちらもより真剣に応える。好循環が社内に生まれる。

一方で、志が低いと、仕事の本筋とは離れたことでことあるごとに意見を言う。その内容は、不平不満や文句など、ネガティブなことばかりだ。不平不満は常態化する。いやいや仕事をしているのは見れば明らかだ。

そういうやりとりに費やす時間や体力があるなら、ほかのことに使いたいと私は思ってしまうのだ。こんなことを言う人間はマネジャーとして失格、と言われてしまいそうだが、一〇年の経験のなかから生まれた私なりの結論だ。

こんな考え方ができるのも、小さな会社のメリットなのだろう。

この章では、試行錯誤の末に形になりつつある蔵のチームづくりについて、ご紹介しようと思う。

経営者にも従業員にも不幸な状態

さまざまな企業を見ていて思うのは、多くは、適材適所とは言い難い組織づくりをしているということだ。とくに、マネジャー職のミスマッチは深刻だ。マネジャーがマネジャーの仕事をしていないことによる損失がかなりあるのではないか。

マネジャーの重要な仕事として若手の教育があるが、それを苦手とするケースが非常に多い。

というのも、日本の企業においては、まだまだ「現場たたき上げ」が幅をきかしているからだ。一兵卒《いっぺいそつ》として成果を出した人間が昇進してリーダーになる。よくいわれる

「名選手必ずしも名監督にあらず」のたとえ通り、一人の仕事人としていい働きをした人間が若手の教育ができるかどうかというと、それはわからない。

要するに、若手が育つためには、マネジャーも育てなければならない。そしてマネジャー教育についての私の持論は、「経営者の考えとマネジャーの考えが一〇〇パーセント、同一でなければならない」ということだ。経営者の言っていることとマネジャーの言っていることがずれていたり、マネジャーが部下に対して経営者を悪く言ったりするようなことがあってはならない。

こうした事態に陥る原因は、経営者とマネジャーのコミュニケーション不足が一つ。また、マネジャー自身が「マネジメントとは何なのか」ということを理解していないことにある。

小さな酒蔵《さかぐら》でそこまでやる必要があるのか、酒造りのできる杜氏《とうじ》がいればそれでいい、というのがこれまでの蔵元（経営者）の考え方だった。しかしそのことが、蔵をブラックボックス化させ、杜氏の高齢化や季節労働者の減少という現実を前に、競争力を失い、なすすべもなく廃業せざるをえなかった酒蔵がどれほどあったか。

また、小さな会社なのだから、経営者さえしっかりしていればマネジャーは不要ということはない。小さな会社だからこそ、経営者には自ら手掛けなければならない仕事が山ほどある。経営者の考えを一〇〇パーセント理解し、それを従業員に伝えられる有能なマネジャーが必要なのだ。

平和酒造に入ってすぐ、私はいろいろな従業員と長時間にわたって面談をした。すると多くの従業員が仕事や会社に対して不満を抱いていることがわかった。何か提案はあるかと聞けば、「この会社って、休みが少ないじゃないですか」と言い、仕事のやり方を変えるよう提案すれば、「私もこんなふうにはやりたくなかったんですが、社長の指示で」と他人事《ひとごと》のように言う。

要するに従業員たちは、仕事に対して「酒蔵の仕事はきつくていやだ」という負の感情を、同時に、会社に対しては「こんなに働いているのに評価されていない」「休みも十分にとらせてもらえずに働かされている」という受け身の不満を抱きながら働いていたのだ。

確かに蔵の仕事はかなり特殊だし、それほどつらいのであれば、やめる道もあるだろうが、やめるわけではない。文句を言いながら働いている。

「経営者にとっても従業員にとっても不幸なこの状態は、いったい何が原因なのだろう」

二、三年、考え続けた。そしてあるとき、原因が見えてきた。

「経営者は、そういうことを言うものなんだよ」

「専務（私のことだ）は、ああいう性格だから」

「やめるときは、直接経営者に言ってくれ」

従業員たちの不満を聞いたマネジャーが、そんなふうに答えている事実を知ったのだ。

彼らに言わせれば、何をどう考えるかはそれぞれの自由であり、自分はそこまで立ち入ることはしない。本人と会社側の問題だ……というわけだ。マネジャーとしての当事者意識がなく、他の従業員たちと同じ立ち位置だったのだ。

本来マネジャーは、現場のリーダーであると同時に、会社と従業員の間に立ちながら働きやすい環境をつくって会社の業績を支える立場にある。彼らマネジャーには、自分の仕事がわかっていなかったのだ。

すべてが見えたとき、この事態は個人的資質の問題ではなく、平和酒造がマネジャー教育を怠っていた結果だと受け止めた。

当初、私の意識のなかでは、新入社員教育に八割、幹部教育に二割という力の配分だったが、それを逆にする必要性を痛感した。

脱・杜氏依存の酒造り

ここまで「マネジャー」という呼称を使ってきたが、管理職だけでなく、現場（蔵）のリーダーである杜氏も含まれる。他の業種では工場の現場責任者をマネジャーと呼ぶのは普通だが、酒蔵において杜氏をマネジャーなどと表現するのは普通ではない。しかし、そのくらいの発想の転換がなければ、酒蔵の未来はない。

ひとことでいえば、私が目指すのは脱・杜氏依存の酒蔵づくりである。杜氏に酒造りを任せ切って蔵をブラックボックス化し、蔵人は指示されるままに動く手足でしかないというのが、伝統的な酒蔵のシステムだった。それをいったん壊し、蔵人のすべてが酒造りの技術に精通して仕事に誇りをもち、そのまとめ役として杜氏がリーダーシップを発揮するような組織に変えるのだ。

そのためには、杜氏にもマネジャーとしての意識を持ってもらわなければならないのだが、その点が最も難しかった。

私は蔵元杜氏ではないが、酒造りの技術論は全部把握している。したがって、現場（蔵）に対して口を出せる範囲は広いが、私がトップダウン式に強くものを言うと現場が萎縮してしまうので、そのさじ加減を大切にしている。そしてアイデアがあれば遠慮なく言えるような雰囲気づくりを心掛けているので、蔵人は比較的自由に意見を言ってくる。

私が入るまでは、経営は父が、蔵は杜氏が仕切っていた。そして蔵では、杜氏が指示し、蔵人が作業をするという明確な上下関係がつくられていた。その時代には、蔵人からのアイデアが杜氏に上がってくることはなかった。それは「言っても無駄だ」と蔵人たちが思っていたからだ。

平和酒造の現在の杜氏は、杜氏としては若く、四〇歳である。新卒採用の第一号だった。厳密にいえば、大学を卒業してから海外で過ごしていたので、第二新卒ということになる。

じつは、新卒採用を最初に手掛けたのは私ではなく父である。私が高校生だったそのころには、勤続三五年のベテランの杜氏がいたが七〇歳を超えていたので次の杜氏を育てなければならなかった。そこで堅実経営の父が、ある意味社運をかけて多額の広告費を出して求人をした。それに応募して採用されたのが現在の杜氏である。

だから彼は、先代の伝統的な職人気質を教え込まれた。その結果、杜氏というものはお客様と接する必要はないし、黙々と酒造りをしていればいいという考えになっていた。そんな彼からすれば、蔵人の育成など眼中になかったのもうなずける。

一方で彼は我慢強くタフで、負けん気が強い。「できない」「やらない」とは決して口にしない、いわゆる職人気質《かたぎ》の杜氏であり、これまでの酒蔵の常識からすれば申し分のない仕事ぶりということになるだろう。父自身、手足をよく動かす（よく働く）現場リーダー型の人材を好むところがあり、かなり評価していた。

だから私が蔵の中にずかずかと入りこんで、「あなたにしてほしいのは、そういうことではない。マネジャーとしてスタッフ全員をマネジメントしてほしい」と言ったとき、彼もかなりとまどったのではないかと思う。事実、「マネジメントはできない」と、断られたことがあるくらいだ。

目標は「マネジメントができる杜氏」

新卒採用を始めてからしばらくのあいだ、蔵人が次々とやめていくという時期があった。理由はすべて「会社が悪い」ということだった。せっかく優秀な人材を採用しても、すぐにやめてしまったのでは、意味がない。私は彼らの「会社が悪い」というやめる理由を真摯《しんし》に受け止めて、どうすれば改善できるか必死に考えて試行錯誤を繰り返していた。それでも、どこか腑《ふ》に落ちない。

原因と対策が見えてきたのは五年ほど前からだ。

原因の一つは私にあった。杜氏依存の酒造りをやめるには、蔵人のそれぞれが酒造りについて考える必要がある。考えればアイデアが浮かび、現状の不備も見えてくる。そこで、「アイデアがあったらどんどん杜氏や私にぶつけて言ってほしい」とことあるごとに言ってきた。それが組織内の軋《きし》みを生んでいたのだ。

若い蔵人たちは私の言葉通り、アイデアや意見を杜氏にぶつけていたのだ。ところが、そのような経験をしたことがない職人気質の杜氏にとっては不愉快なことだったのだろう。ぶっきらぼうに「そんなやり方はいらん」と跳ね返していたのだ。

もともと口数は少なかったが、先代に「職人気質」を仕込まれ、社長に信頼されていたということが、彼のその性格を余計に強化してしまったようだ。若い蔵人からすれば、何を言ってもぶっきらぼうにNOが返ってくる。上から下に対していう「NO」、それも度重なる「NO」という言葉には本人の意識以上の強さがある。言われたほうは「言っても無駄だ」と思って何も言わなくなる。それでますますコミュニケーションがとれなくなり、現場には閉塞《へいそく》感が満ちる。その結果、「意見も言えない」「やりたいことをやらせてもらえない」となり、絶望してやめるということになってしまっていたのだ。

前章で書いたように、新卒採用には大変なコストをかけている。しかし、肝心の蔵の中がこのような状況では、優秀な人ほどやめていく。多大な損失だ。なんとか改善しなければならない。

まず、杜氏とじっくり話すことにした。彼の真面目さや誠実さは私も高く評価していたが、一方で、彼が変わらなければ、せっかく始めた新卒採用も蔵人の社員化も効果を出せないと話した。何をどうしてほしいのか、それはなぜなのか。時間をかけて何度も面談し、丁寧に伝えていった。

杜氏には、最低でも月に一回、蔵人の一人一人と面談してもらうことにした。そこで杜氏は、「どういう問題を持っているのか」「どういう希望を持っているのか」「将来どうしていきたいか」など蔵人が考えていることを引き出してもらう。そして後日、私へフィードバックしてもらうのだ。

さらに外部からコンサルタントも呼び、これからの新しい蔵の組織作りを若い蔵人たちと一緒に学んでもらった。杜氏には、現在でも月に二回は、コンサルタントのマネジメント研修を受けてもらっている。

こうして、これからは蔵人全員で酒造りをするのだということ、言い換えれば、蔵人のだれもが杜氏と同等の技術を身につけられるのだという考えを浸透させていくことに力を傾けた。

季節労働で働く蔵人制の時代は、杜氏が蔵人に技術を教える必要がなかったし、教えたがらなかった。技術を教えた瞬間に、その杜氏がお払い箱になるリスクがあるし、寒《かん》仕込《じこ》みの半年では技術を教えるのは難しかっただろう。つまり、これまで杜氏は技術を教えるメリットがまったくなかった。教えるメリットがなくデメリットだけがあるから、教えないのだ。

杜氏がマネジャーとして機能しないのは、無理からぬことであり、平和酒造にかぎらずどこの酒蔵でも同じことが起こっていたはずだ。

しかし、これからはそうではない。

「ただの杜氏として終わるのではなくて、あなたの下に新しい杜氏が育つようにしてほしい。それができたあとには、さらにあなたにしてもらいたい仕事がある」

五年かかったが、最近では私の思いを理解してもらえるようになったと感じている。現在は、「マネジメントのできる杜氏」を目標に、杜氏も私も努力を続けているところだ。

酒造りを論理的に整理

私がなぜ、杜氏のマネジャー化にそこまでこだわるのか。もう少し補足しておきたい。

ものづくりに「職人気質」は欠かせない。そこには、「何があっても責任を持っていいものをつくる」という誇りがある。しかし、「だから他のことなど知ったことではない」となってしまったら、単なる「職人バカ」「ものづくりバカ」である。

若い蔵人にとって「職人気質」に触れることも勉強になるし、ものづくりにおける誇りは見習うべきだが、それ以上でもそれ以下でもない。その気になれば大企業に就職できる新卒の若者たちが、あえて和歌山での酒造りを選んで平和酒造に入社してきているのだ。根性論を振りかざし、「黙ってついて来い」と言っても彼らは納得しない。そこで私は、酒造りという仕事を論理的に整理することに努めた。

日本酒業界が斜陽になった発端は消費者の志向が変化したことだが、持ち直すどころか現状維持すらできないでいるのは、その変化に対応する体制を構築していないからだ。

ものづくりのリーダーとしては有能であっても、組織のマネジャーとして機能しない杜氏に頼り切っていればどうなるか。その人が働けるうちはいいが、働けなくなったとき、それまで積み上げてきた酒造りの技術もそこでリセットされる。技術が継承されなければ、ものづくりは終わる。

杜氏の下で働いてきた人間が、そのときに杜氏の代わりができるかというと、かなり

食堂で昼食をとる杜氏（奥、左から２人目）と蔵人たち

難しいだろう。最初はやる気に満ちていたとしても、上意下達《じょういかたつ》のなかで働き続けていれば、やる気が減衰するばかりか、組織にぶら下がるだけの働き手になってしまう。平和酒造の酒造りは、絶対にそのような状態にはしない。私はその決意で組織づくりに臨んでいる。

杜氏の意識改革と同時に急務だったのは、「上意下達」の見直しだった。

組織においてある程度の上意下達は必要なのはわかっている。トップが責任を持って指示を出すのは当たり前のことだ。しかし、硬直化した上意下達組織は最悪である。組織といいながらトップしか考えない状態であり、一人の人間の情報と知識の中でのみ意思決定が行われるからだ。杜氏を中心にした酒蔵は、まさにその状態だった。

職人の世界では上の人間の指示が絶対であり、それに従わないということはありえない。別の言い方をすれば、上の指示がなければ動けない。しかし、仕事の問題の多くは末端の作業現場で露見する。上の指示がなければ動けないから、問題が発生したらすぐに上に報告をあげることになっている。ところが実際は、硬直した上意下達の組織では、上から下へは情報が流れても、下から上への逆流は難しい。

これは組織にとって致命的ともいえる欠陥なのだが、これまでの酒蔵では放置されてきた。そして平和酒造も例外ではなかったということだ。

この問題においても、杜氏が重要なカギを握る。彼がマネジャーとして機能してくれれば、ボトムアップの情報を吸い上げることができる。組織の風通しはよくなり、優秀な若い蔵人が能力を伸ばすための環境が整うのだ。

フラットに、そして流動的に

硬直した上意下達の組織にしないためにも、平和酒造では社員の立場をできるだけフラットにしている。マネジャーは二人いるが、主任とか係長とか課長とかいったポジションは今のところ設けていない。社員の名刺の肩書きは、シンプルに「杜氏」と「蔵人」のみだ。

なぜ会社が階層化するかというと、そのほうが効率的で運営しやすいからだ。役割の線引きがはっきりするので、上層の人間は下層の仕事はやらなくてすむし、下層の人間は責任をとらなくてすむ。上を見上げることでキャリア形成の青写真も描きやすい。

一方で、階層主義には「必ずしも優秀な人間が上層にいるわけではない」というリスクがつきまとう。これは会社で働いている人であればだれもがうなずくことではないだろうか。昇進させるにはそれなりの根拠が必要だから、いくらなんでも能力の低い人間を上層に据えたりはしないだろう。しかし、優秀な人間がいつまでも相対的に優秀とはかぎらないし、時代の変化によって求められる能力も変化する。

それでも、一度上層に置いた人間を下層に動かすのは難しい。その結果、「必ずしも優秀な人間が上層にいるわけではない」という、能力とポストのねじれが起こる。

したがって私は、周囲のだれもが認める、飛び抜けて優秀な人材が生まれないかぎり、組織はフラットな状態に保っていこうと思っている。

担当する仕事の内容も固定せず、期限を決めて変えていくようにしている。組織を硬直化させないためというのが一つ、蔵人に酒造りのすべてを学んでもらうためというのが一つ、そして、蔵人からすると耐え難いであろう不公平をなくすためというのが大事な一つだ。

どんな会社にも、花形と目される部門と縁の下の力持ち的な部門がある。どちらの仕事も重要なのだが、多くの人は花形部門で働きたがる。その部門がなぜ花形かといえば、サクセスストーリーを顕示しやすいからだ。これに対して、成果が目に見える形で示しにくい部門には人気がない。

縁の下の力持ち的な部門でもプライドを持って働ける人間もいるが、多くはそうではない。会社にとって重要な仕事をしているにもかかわらず、「冷遇されている」「不公平だ」と感じやすい。

普通酒の製麹《せいきく》（麹《こうじ》づくり）。麹づくりは酒造りの花形作業

そうならないためには、いかにその仕事が重要であるかを説明するのはもちろんだが、言葉だけではなかなか伝わらない。いろいろな部門を回ることで、花形部門もそうでない部門も会社を支えているということにおいては同じなのだということが理解できるようになる。

ブラックボックス解体の意味

一〇年をかけて私がやってきたことを一言で表現するならば、蔵というブラックボックスの解体ともいえる。

ブラックボックスに手をかけることについては、躊躇《ちゅうちょ》がなかったわけではない。アンタッチャブルであるからこそ、杜氏の威厳が保たれ、また蔵ごとの個性も保たれるという見方もあるし、他の多くの酒蔵も、平和酒造も、それこそ伝統的に温存してきたシステムだ。見ようによっては、東京から帰ってきた跡取りのボンボンが、酒造りのことを何も知らずに蔵の秩序を引っかき回しているように映ったかもしれない。

見て見ぬふりを決め込む選択肢もあったが、私にはできなかった。

大手酒造メーカーの下請けで甘んじるのであれば、また、廉価な紙パック酒だけを造り続けるのであれば、ブラックボックスも許容できるだろう。現場は杜氏に任せておいて、経営者は「営業」に回ればいいのだ。しかし、品質本位の酒造りをしようと思ったら、そういうわけにもいかない。

小さな酒蔵の強みは、大量生産と半永久的な成長が宿命の大手酒造メーカーとは異なり、ものづくりを純粋に突き詰めていけるところにある。その強みを最大限発揮するには、経営者自ら製造の現場に入り込んですべてを把握しておく必要がある。

経営的側面からいえば、蔵だけに判断させるのは無理がある。たとえば、新しい機械や技術を導入する際には、リスクとベネフィットを天秤《てんびん》にかける必要がある。その最終的な決定は経営者にしか下せない。仮にそれを蔵に任せた場合、会社としてのトータルバランスから逸脱し、一貫性のないパッチワークのような経営に陥る可能性が高い。また、決断のスピードも遅くなる。

平和酒造の存在感を示すためには、材料の仕入れから酒造り、小売店選びに至るすべての業務に一貫した経営思想・哲学を貫くことが大前提となる。

ブラックボックスの解体は、杜氏をないがしろにすることではない。むしろ逆で、杜氏の仕事の範囲が広がり、蔵の外でも蔵元（経営者）の代理として大きな仕事ができるようになる。

経営者は、会社の中で一番強いカードを持っている。多くの決裁権を有し、カードの威力によって人脈が広がり、一般社員とは比べ物にならないくらいにさまざまな経験を積める。それによってまた一回り大きくなる可能性がある。

しかし、それはたまたま手にしたものだ。やろうと思えば、杜氏や蔵人にも同じ経験ができると思っている。

蔵元杜氏制ではない平和酒造では、キングのカードを持っている杜氏が活躍する場は多い。一例をあげれば、二〇一四年夏、杜氏にブラジルへ遠征してもらった。ご承知のように、ブラジルではサッカーのワールドカップが開催された。元プロサッカー選手が現地で日本酒バーを主催するというので、「紀土」のプレゼンテーションをしてきてもらったのだ。

その際の渡航費や滞在費は決して安くはない。経営者が行くならともかく、社員のために多大な出費をするのは、それだけの価値があると判断したからだ。職人気質の杜氏は、蔵の外での活動をもともと好んではいなかった。「そんな無理をしないで、経営者が行けばいい」という声もあったが、そこに日本酒業界の衰退の原因を感じざるをえない。

多くの酒蔵では、杜氏は蔵にこもって酒造りだけをしている。それは杜氏のせいなのかというと、私はそうは思わない。経営者が酒造り以外をやらせていないから蔵にこも

杜氏による「紀土」のプレゼンテーション。ブラジルで

るしか術《すべ》がなくなるのではないか。

経営者も、最初から経営ができたわけではない。経験を積むうちに、経営ができるようになるのだ。同様に、蔵しか知らない杜氏でも、どんどん外に出れば、いろいろなスキルが身についてくる。

杜氏をブラジルに行かせたのは、彼のためだけではない。酒造りは蔵の中だけでやるものではないということ、酒造りを通じて世界とつながれるということ。他の蔵人にも、私からの強いメッセージを伝えたかった。

教育プログラムとしての試飲販売

ここまで杜氏について書いてきたが、そのほかの蔵人についても、可能なかぎり酒造り以外の経験を積ませるようにしている。

たとえば私はここ数年、日本酒の魅力を多くの消費者に知ってもらうために、東京を中心に「日本酒セミナー」を開いている。日本酒の製造工程、種類、利き酒の正しい方法を紹介しながら、実際に試飲してもらうのだ。毎回、一人か二人の蔵人に同行してもらっている。おいしい酒を造ることができても、プレゼンテーション能力がなければ消費者に思いが届かない。それを学ぶ機会にしてもらいたいという思いからだ。

日本酒ファンを増やすための「日本酒セミナー」（2014 年 8 月、東京・原宿）

そして、全国各地の小売店で行う試飲販売である。営業活動の一環ではあるが、教育プログラムとしての色合いが強い。食事休憩以外は店先で立ちっぱなしのハードな仕事だが、自分たちが造った酒を買ってくださるお客様に対する感謝の気持ちを身につける貴重な機会となる。ローテーションを組んで、すべての蔵人に試飲販売員を経験してもらっている。

ものづくりは、造るところで終わりではなく、それを買ってくださるお客様があって成り立っている。大勢のお客様が買ってくだされば、私たちはより多くの時間や資金をものづくりに投入できるようになる。

商売ということだけ考えれば、商品の質とは関係なく、少しでも高く売って儲《もう》けたほうがいいに決まっている。しかし、私たちはお客様をだます商売をしたいわけではない。私たちが造る酒を口に含んで、「おいしい」と喜んでいただくために酒造りをしている。その幸福感の対価としてお客様は喜んでお金を払ってくださるのだ。

こうした、ものづくりを生業《なりわい》とする私たちの「商売の基本」を腹に落とし込ませるには、お客様の反応がダイレクトにわかる試飲販売会はうってつけだ。

人は、自分の力のみでは生きられない。会社も、自社の力のみでは生きられない。社会を生かすことによって人も会社も生かされているのであり、社会に対して価値を与え

差し入れに大喜びの蔵人。東京での試飲販売で

ていくからこそ、応援され、生活の糧《かて》も得られるのだ。仕事とは何か、働く目的は何か、ものづくりとは何か。こうした本質的なことを考えるための教育は、蔵の中だけではできない。

私は最初からこのようなことを考えていたわけではない。東京のベンチャー企業から平和酒造に移ってきたばかりのころ、私は蔵人たちにせっせとビジネスのハウツーを教え込んでいた。より儲《もう》けるためだ。どのように振る舞い、どのようなことを言えば営業先で受けがいいのか、どのように商品をアピールすれば取引が得られるのか。そんなことばかりを細かく伝授していた。

蔵人たちにとっては目新しいことばかりだったのだろう。みんな熱心に聞いてくれたので、私は調子に乗って、そんなことを三年も続けていた。

しかし、これは失敗だった。営業先で口先だけのお世辞を言うだけなく、社内に対してもテクニックを弄《ろう》して自分の心証をよくしようとする人間が出てきたのだ。

ビジネスのノウハウや、世の中を渡り歩くためのテクニックは持っていたほうがいい。しかし、それだけでは通用しない。誠実さや真面目さ、仕事にかける情熱などの「人間性」があって初めて、ノウハウやテクニックが生きてくるのだ。人間ができていないのに、テクニックを弄すれば、見る人が見ればすぐに化けの皮が剝《は》がれる。

私は大いに反省し、「人間性」に注目した社員教育を心がけるようになった。

リスク覚悟で「人間性」に踏み込む

「人間性」と書いたが、あまりに一般化され手垢《てあか》がついている言葉だけに、その重要性を説明するのは難しい。ともすれば、根性論と同列の精神論として扱われ、説教臭いと思われて終わってしまう。

それでも私は、あえてこの言葉を使う。

人間性は、外部と接触する営業部門だけに必要なわけではない。お互いを尊重する気持ちや基本的な礼節に欠けていれば、知識や技術があってもまともな酒造りはできない。どんな仕事でもまず必要とされるのは人間性であり、それがあってこその知識や技術なのだ。

問題は、人間性はどうすれば育《はぐく》めるのか、ということだ。

人間性に踏み込んだ教育は、高いリスクを伴う。巷《ちまた》にあふれている社員教育に関する本を読めば、どんな本にも「人間性を否定するな」と書いてある。人間性に踏み込めば、こちらにその気がなくとも、相手は否定されたと思ってしまうリスクがある。その結果、本人の精神状態がよからぬ方へ向かい、会社に損害をもたらす可能性もある、ということだろう。だから会社にとって、従業員の人間性について言及するのは禁じ手なのだ。

「従業員の心の領域に踏み込まず、具体的な作業面についての注意だけを話していきなさい」という教えは、心理学的には真理をついているのかもしれない。しかし一方で、教育係が問題の本質から逃げているともいえる。結局、リスクを覚悟で、人間性の部分に立ち入っていかないと本当の社員教育はできないと私は思っている。

また今の日本では、個人的なことにも踏み込まないのがスマートな付き合いであるという考え方が一般的かもしれない。しかし、人を大事にしようと考えたとき、その人のことを知らないことには始まらない。だから私は従業員の私生活にも関心をもつ。

蔵人たちは、いつもなにかしらの問題を抱えている。問題の中身は人それぞれで、仕事上のことで苦しんでいることもあれば、プライベートで悩みを抱えている可能性もある。仕事上の問題だとしても、会社への不満なのか、技術面での不安なのか、あるいは人間関係なのか、その悩みはじつにさまざまだ。

仕事については、「嫌なことはさせない」「本人が望むことをやらせる」ことを大原則としているが、「嫌なこと」や「望むこと」は人によって異なる。それを拾い上げるためには、一人一人と腹を割って話すしかない。

私はこれまで、蔵人一人一人と長時間にわたる面談を行ってきた。二時間でも三時間でも納得できるまで話し続ける。こちらも疲れるが、蔵人はもっと疲れるかもしれない。それがわかっていて続けてきたのは、このくらい時間をかけなければ、なかなか本音は引き出せないからだ。

面談では、仕事の話がメインになるが、長時間話していると私生活で抱える悩みも見えてくる。私がサポートすることでその悩みが解決へ向かうのであれば、喜んでサポートする。場合によっては、結婚相手を探す手伝いもする（これは実際に成功している）。

今でも、蔵人たちとは面談を行っているが、回数は減っている。杜氏と蔵人との面談を始めたこともあるが、面談を重ねた効果が出てきて、問題が一つずつ確実に解決してきたからだろう。

放置すれば劣化する「心を持つ商品」

私の「人」についての考え方は、ベンチャーの派遣会社で働きながら学んだことが下地にある。

当然のことながら、派遣する人材の基礎能力（学歴、語学力、ビジネススキルなど）の高低にはバラツキがある。なかには、派遣会社が場違いに感じるほど基礎能力の高い人もいる一方で、派遣先で仕事をこなせるかどうか心配になるような人もいる。ところが、である。派遣先でのパフォーマンスの高低は、この基礎能力によって決まるわけではないということを知った。何に左右されるかというと、モチベーションなのだ。個々の人材のモチベーションをいかに高めるかが、私に課せられたもっとも重要な仕事だった。

私はその仕事を通じて、「人材会社にとって人は商品だが、その商品には心がある」ということ、そして、「心を持った商品の価値を高めるにはモチベーションが重要で、そのためにはコミュニケーションが欠かせない」ということを学んだ。

人間性と同様、コミュニケーションという言葉も使い古されている。関連の本も大量に出回っているし、コミュニケーション力を高めるための研修もさかんに行われている。つまり、コミュニケーションは重要であり、その能力を高めることが社員教育の重要な柱にもなっているということだ。

ここまではだれもが知っている。しかし、コミュニケーションの真の目的や重要性についてはあまり語られていないように思う。

会社は人の集合体である。したがって、会社の業績や未来は、そこに集まっている人のパフォーマンスに依存する。「モノ」という商品であるならば、ストックとして倉庫に並べておけばそれで済む。市場価値を無視するのであればその価値は一定であり、一〇〇の価値のある商品は一〇〇の価値でありつづける。

これに対して、「人」という商品は、劣悪な環境に放置しておけばどんどん変質し、劣化していく。最悪の場合は腐敗する。つまり、一〇〇の価値が六〇にも五〇にもなっていくのだ。逆に、モチベーションを得られる環境を整えてやれば、最初一〇〇だった価値が一二〇にも一五〇にもなる。

私は「人」のデリケートさを嫌というほど思い知らされた。

人には心があり、その心のありようは十人十色である。「こうすれば従業員のモチベーションが上がる」というものではない。一人ひとりに対し、「あなたが働きやすいのはどんな環境なのか」「あなたにとって幸せとはどんなことなのか」と、人生の本質的な部分も問うていかなければならない。それを私は「コミュニケーション」と言っている。

第五章　〈脱・匠〉のものづくり

酒造り技術をオープンに

季節雇用から通年雇用に切り替え、新卒採用によって社員蔵人《くらびと》を増やしたことで、社内の情報管理のあり方も見直すことになった。

それまでは、季節労働で毎年やってくるベテランの蔵人がいたが、新卒で入社してくる蔵人は当然、酒造りをしたことがない。となれば、酒造りをゼロから教えなければならないが、十人ほどの酒蔵《さかぐら》で、手取り足取り教えている時間もないし人もいない。

短時間で効率的に教えるためには、マニュアル化が必要だ。そのマニュアルを提供できるのは杜氏《とうじ》しかいない。

そこで私は、杜氏にスキルのすべてをディスクローズしてもらうことにした。その最大の目的は「技術を若い世代に伝えていくこと」に尽きるが、それは簡単なことではなかった。

酒造りにおいて、杜氏は絶対的不可侵の存在である。「匠《たくみ》」はよくいえば「技術の粋《すい》をどこまでも追求していく」が、別の見方をすれば自分の技術にしか興味がなく、ましてや人に自分の技術を渡すなどということは考えられない世界に生きている。

私が「若い世代に酒造りを教えてほしい」と頼むと、「隠しているつもりはないから見て盗んでいい」と言う。しかし、実際に若い蔵人が酒造りの心臓部分である麴室《こうじむろ》を見学しようとすれば「勝手に入るな」と怒られる。こうしたことが何度か繰り返された。

杜氏にしてみれば「俺たちもそうやって育った」のだ。平和酒造の杜氏に限らず、職人は「若いうちは苦労しろ」と言うが、何のために苦労するのか、何について苦労するのかは教えない。本人たちも突き詰めて考えたことがないから教えられない面もある。どこか根性論なのだ。

それがわかったので、じっくりと腹を割って平和酒造の行く末、これから築いていきたい未来の話をし、最終的には杜氏も理解し、納得してくれた。こうして杜氏の持っているスキルのすべてがディスクローズされた。その中には酒造りにとって非常に肝《きも》の情報である麴づくりの水分量、温度経過、発酵管理、仕入れ先など、これまで杜氏たちが公開しなかった日々のデータもすべて含まれている。

日々の情報共有にはデメリットもある。売り上げに直接結びつくことではないのに手間を含めたコストがかかる。そもそも情報共有しただけでは何も変わらない。その情報をどのように自分の成長に役立てるかは、蔵人一人一人の力量にかかってくる。蔵人の立場からすれば、情報公開は必ずしも歓迎することではなかったかもしれない。「教えてもらっていない」とか、「私は知らなかった」などという言い訳をしにくくなり、責任も増えるから、負担に感じる場合もあるだろう。

それに、平和酒造のような小さな組織では、情報共有にコストをかけるより、一人のリーダーの意思決定に他の人が隷属的に従うほうが、パフォーマンスが上がるのかもしれない。

それらをすべて承知のうえで、杜氏の知識や技術は蔵人全員と共有したほうが、平和酒造としても得るものは大きいと考えた。

情報公開の目的は、技術の継承以外にもある。私は若い蔵人たちに、作業の意味も目的もわからないまま、指示通りに体を動かすだけの蔵人になってほしくない。どうすればおいしい酒が造れるのか、全員に考えてほしい。つまり「よく働く蔵人」ではなく、「よく考える蔵人」になってもらいたいのだ。そのためには、情報の共有が必須なのだ。

これまでは、船長である杜氏は「右へ漕《こ》げ、左へ漕げ」と理由を告げず指示だけすればよかった。しかし、船員を育てるためには、「北西方向一キロくらい先に大きなうねりがあるからから右側を一生懸命に漕がなければならない」と説明する必要があるということだ。

船員が考えるようになれば、その船の航行が楽になる。「船長、左舷《さげん》から受ける波がかなり高くなっているので思ったよりもバランスがとりにくい状況です」などと、役立つ情報を船長に上げるようになるからだ。

杜氏はトータルコーディネートをしているから、末端の現場までは把握しきれないこともある。そのことを理解したうえで、「杜氏はこういう酒が造りたいのではないか」と蔵人が自分たちで考えて行動する。そうなれば、杜氏も気持ちよく働けるし、蔵人のやりがいも増す。平和酒造はそんな姿を目指している。

技術習得はマニュアルと研修で

マニュアルを見ただけでは酒造りはできない。そこに書かれたことと、実際の作業を結びつけるための研修を行うことにした。

平和酒造でとり入れている研修は、大きく分けて三つある。

一つは、杜氏組合の研修である。杜氏組合はもとをただせば明治時代からある労働組合で、かつては労使関係の調整にあたっていたが、いまは技術研修や若手蔵人の育成に寄与している。平和酒造の杜氏と蔵人は全員この組合に所属し、夏に開かれる勉強会で学んでいる。

二つ目は社内の研修会で、杜氏が講師となって酒造りの工程について細かく教える。

日々の業務時間中は、忙しくて伝えきれていない詳細や理論を杜氏が語る。そして蔵人からの疑問に答える、というスタイルだ。杜氏と蔵人がコミュニケーションをとって相互理解を深めるための研修でもある。

三つ目は、コンサルタントを外部から招くスタイルのもので、これは、私も含め社員全員が出席する。

酒造業界には営業面、経営面、そして製造面などさまざまな酒造業界専門のコンサルタントがいる。とくに製造面ではその特殊性もあり、コンサルタントの役割は大きい。多くのコンサルタントが酒類系の研究所や酒類鑑定官出身だ。この酒類鑑定官というのは国税庁職員で、もとは酒税を円滑に納めさせるために製造をサポートしようとして作られた職種だ。非常に多くの酒蔵を指導して回っていたので、昔の杜氏たちと懇意であり、自ら酒造りの技術を身につけた人までいる。

このコンサルタントにひと月に一度、技術論についての研修を受けるのだ。終わったあとは脳がパンクしそうになるくらいに、覚えることと考えることが多い。

研修の内容は文書で記録し、杜氏がディスクローズしたスキルと合わせてマニュアル化し、全員に配布する。これを外に持ちだせば平和酒造の酒造りがすべてわかるほどの詳細なマニュアルだ。

大きく分けて、技術マニュアルと作業マニュアルの二種類があり、前者には技術についての考え方や個々の作業をする意味が書かれている。また後者はその技術マニュアルを受けて実際に平和酒造にある道具を使い、いかに作業を行っていくかということが書かれている。たとえば現場でタライを使うのであれば、タライのサイズまで書いてある。

マニュアルというと、ものづくりの精神とは対極にある無機質で浅薄なイメージがあるかもしれない。徒弟制度の世界では、明文化されないまま技術が伝承されてきた。それは口伝《くでん》であったり、「親方の姿を見て盗む」ことであったりした。現代においても、そのような形で伝承される技術もあるだろう。徒弟制度に限ったことではない。

しかし、これまで繰り返し書いてきたように、職人気質《かたぎ》と閉鎖性が、日本酒業界の低迷の一翼《いちよく》を担ってきたことは否《いな》めない。日本酒という文化、酒造りという伝統を守るためには、こうした旧習を否定する勇気も必要ではないだろうか。

そして、いうまでもなく、マニュアルだけで消費者に愛される日本酒を造れるほど、酒造りは甘くない。最終的には、蔵人一人一人の熱意と現場での研鑽《けんさん》が必要なのは今も昔も同じである。

だれ一人として歯車であってはならない

現在の平和酒造では、一定割合の日本酒や梅酒を若手蔵人に任せて造っている。杜氏は相談に乗ることはあっても、口出しはいっさいしないというルールである。最初から最後まで、蔵人たちが自力で造る。

蔵人のだれ一人として歯車であってはならない、というのが私の考え方だ。だから一人一人にタンクを一本ずつ任せている。たとえば、ある酒について一〇〇本のタンクを仕込むなら、「Aさんはこのタンク、Bさんはこのタンク」というふうに担当を決めていく。だれが管理した酒がどのような仕上がりになったかが明確になるし、一人一人が確実に技術を身につけることができる。

「みんなで一〇本造る」のでは、受け持つ作業が固定化される。失敗したときの責任も曖昧《あいまい》になる。「失敗しちゃったね、今度はがんばろう」とみんなで言い合っていては、成長はない。

失敗してもペナルティがあるわけではないが、この方式で酒造りをしてもらうと、蔵人たちの緊張感が違う。自分が失敗すれば、タンク一本分の損失を会社に与えるからだ。

一方で、チームワークが必要な酒造りも経験してもらっている。タンク一本分を蔵人全員で管理するのだ。例年、タンク三本分しか造っていない最高級品のうちの一本である。このときは役割分担をしながらも議論を行い、全員が一丸となって酒造りに臨んだ。

次は、酒造りの工程の最初の一歩からすべて任せてみたいと考えている。だれも助けてくれない状態で一人一本のタンクの酒を造ってもらうのだ。これをやり遂げることができれば、酒造りを体系的に会得できる。任せたといいつつも、重要な工程で杜氏が助けてしまえば、いつまでたっても一人前の蔵人にはなれない。

最初から最後まで自分で造った日本酒が出来上がったときの感動は、生涯忘れられないものになるはずだ。それを持って試飲会に行ってもらう。お客様の「おいしい」という一言を早く聞かせてやりたい。

永遠のリスク

指示をしないと動かない、自分で考えることをしない。多くの経営者やマネジャーの嘆きは共通している。従業員や部下に自分の頭で考えるようになってもらいたければ、そう思う経営者やマネジャー自身がリスクを負わなければならない。それも、一回や二回ではなく、ずっと負い続ける覚悟が必要だ。

従業員の育成に終わりはない。今、盛んにチャレンジさせている若手蔵人が安定的にいい酒を造れるようになったら、今度は次の世代の蔵人たちにチャレンジさせる必要がある。育成に終わりがなければ、それにともなうリスクも永遠に背負い続けることになる。

平和酒造のタンク一本には、一升瓶《いっしょうびん》およそ二〇〇〇本分の酒が入っている。一升瓶で二〇〇〇円の商品ならタンク一本四〇〇〇万円に相当する。これを一人の若手に任せるリスクを大きいと見るか、小さいと見るかは意見が分かれるところだろう。しかし、任せなければ何も始まらない。私は、何も始まらないリスクのほうを恐れる。

実際、四〇〇〇万円のリスクは、大きな副産物をもたらした。当の蔵人だけでなく、杜氏にも私の覚悟が伝わった。杜氏が若手のアイデアに耳を傾け、それを自分の酒造りに生かすようになったのだ。

「できない」と決して口にできないし、相談する相手もいない。酒造りが失敗すればすべて自分の責任になる。これまで杜氏は孤独に耐えながら、黙々と酒造りをしてきたのだろう。

大量の蒸し米をスコップ1本で掘り出す

曖昧さを排除し数値で管理

平和酒造に戻ったばかりのころ、私は酒造りの現場に足しげく通った。製造工程や蔵人の作業内容について四六時中見守り、絶え間なく面談を繰り返して、「本当にこれでいいのか」を問い続けた。

ほかの酒蔵を見学させてもらい、自社モデルと照らし合わせることもした。その結果「他社のやり方のほうがいい」と思えればどんどんそれを取り入れている。

酒造りは、ひたすら精度を上げていく作業である。それまで九九パーセントだったものを九九・九パーセントにする。それができたら九九・九九パーセントにしていく。そのためには日々、技術と方法をチェックし、改善を重ねていくしかない。

よその杜氏のインタビュー記事を読んでいたら、「最後は私の勘です」と締めくくっていた。「自分がいなければ酒は造れない」というプライドなのだろうが、蔵元（経営者）はそれを読んでどう思うのだろうか、本当にそれでいいと思っているのだろうか、と疑問を抱いた。

酒造りに限らず食品加工業界では、技術の科学的分析が進んでいないところは、感覚を頼りにものづくりをしている。

「香ばしい匂《にお》いがしてきたらもうすぐ完成だ」

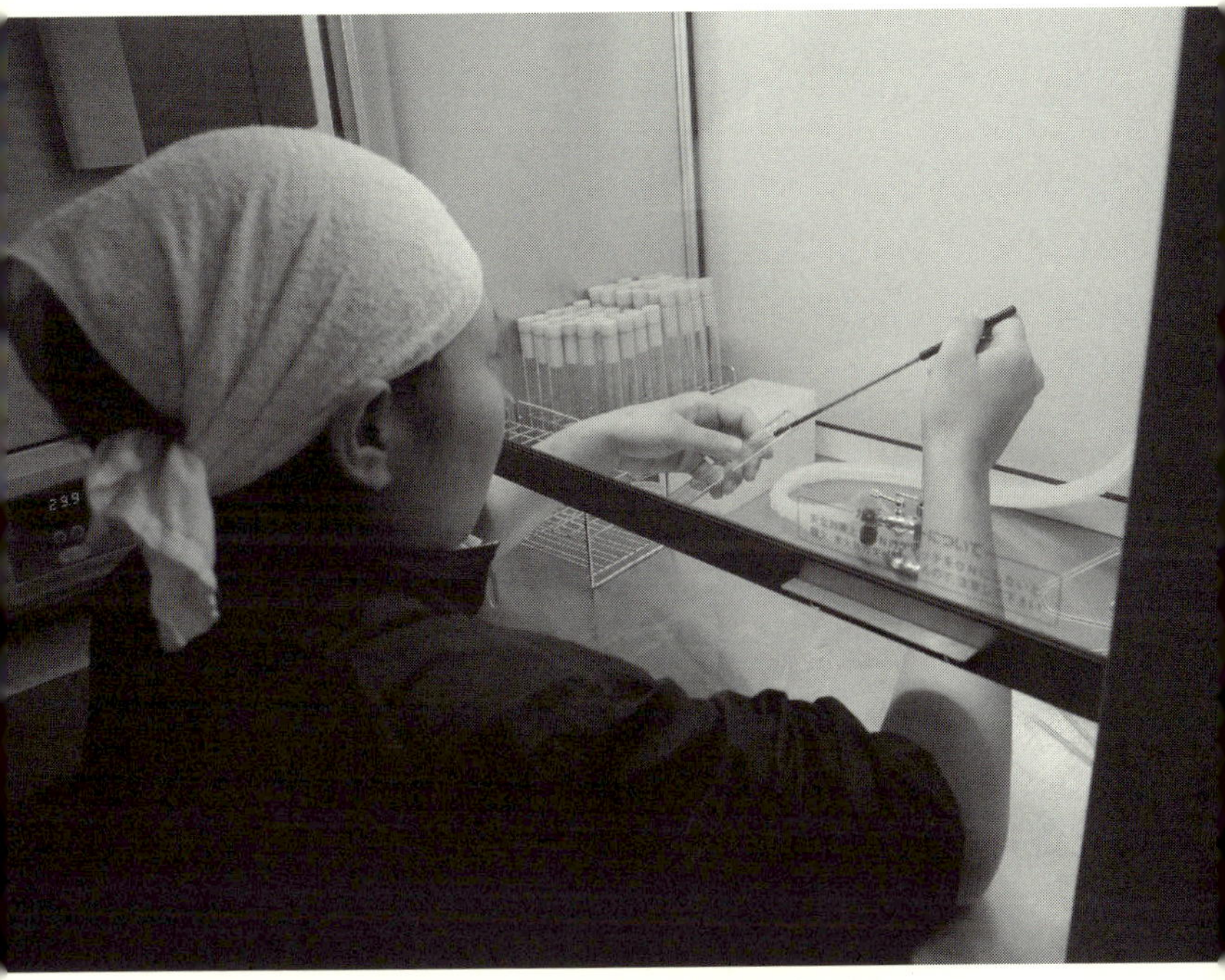

無菌状態での酵母の培養。クリーンベンチという装置の中で行う

「表面がぷくぷくしてきたら温度を下げて」

きわめて曖昧《あいまい》な表現で、情報を共有している。これでは情報共有の意味がない。

人はそれぞれ感覚が違う。「香ばしい」も「ぷくぷく」も本当は共有などできていない。ためしに、「きつね色に仕上げてください」と言って数人にパンケーキを焼いてもらうといい。それぞれ、まったく違う焼き具合になるはずだ。

こうした曖昧な伝え方を良しとするのは「伝統」とは違う。本当に伝統を守りたかったら、だれがやっても同じ味が出せるようにしなくてはならない。

そこで私は、酒造りのプロセスをできる限り数値化し、高い再現性を追求してきた。

平和酒造の標準的な酒造りはどういう経過をたどるのか。最高においしい酒ができたときは、どの段階でどんなことが起き、それにどう対応したのか。一つの成功モデルをつくり、それを蔵人全員で共有している。

また、その日の発酵の状態や温度やアルコール度、麹の酵素の力価などを正確に計測し、その数値をホワイトボードに書き出すということをしている。

蔵の一階にある和室は、以前は季節雇用の杜氏や蔵人が寝泊まりする場所だったが、今は社員蔵人たちの休憩や打ち合わせに使えるようになっている。その部屋の壁には、現在進行形の酒造りに関する情報が張り出されているので、ここに来れば「何がどう進んでいるか」「自分が最優先でやるべきことは何か」が一目でわかるようになっている。

造り手の「舌」を鍛えることの大切さ

おいしい酒を造るためには、数値管理だけでは不十分だ。おいしい味を再現するためにサイエンスは必要だが、「おいしい」という判断は人間が下す。つまり、造り手が「おいしい」ということがわかる舌を持っていなければならない。社内に「テイスティングスペース」を設けているのは、杜氏や蔵人の舌を鍛えるためだ。

そこには他の酒蔵の日本酒はもちろんのこと、ワイン、ウイスキー、焼酎《しょうちゅう》、ブランデー、リキュールなど、あらゆる種類の酒をそろえている。猪口《ちょこ》、ショットグラス、ワイングラス、タンブラーなどの多種多様な酒器も用意してある。ワインを味わうためのリーデルのグラスは、ぶどうの品種に合わせられるように数種類をそろえた。

試飲販売などで東京や大阪などの都市に出たときには、和食、フレンチ、イタリアン、中華などの一流店に連れていくこともある。酒の味を覚えるだけでなく、酒とともにある食についても見識を広めてもらいたいからだ。

一時期は、「蔵人の舌を鍛える」だけで、かなりの額を使っていたが、最近では、私が連れていかなくても、蔵人たちが自分たちで出かけるようになった。若いということもあるが、彼らはよく（酒を）飲んでよく食べる。

腕のいいシェフや板前は、本人が食通であるという話を聞いたことがある。酒造りに携わる者も、そうであるべきで、だからこそお客様に喜んでもらえる味を追求できる。

従来の日本酒業界では、杜氏や蔵人の「舌を鍛える」という発想はなかった。あるとすればあくまで日本酒のテイスティング能力を高めるためのものであり、他の酒類や食自体を本質から理解するということからは遠かった。日本全体が貧しかった時代は、それでよかったのだろう。造るほうも飲むほうも、「舌を鍛える」などという余裕はなく、その上、粗悪品を許容していた。

第二次世界大戦中から終戦直後は、日本では米が不足していた。配給米では足らず闇《やみ》米《ごめ》を求めた。そんな時代にも酒は飲まれていたが、嗜好《しこう》品に米を使えるはずがない。そこで足りない米の代わりに醸造アルコールを大量に加えて増量した。米の三倍ほどのアルコールを足した粗悪な酒で「三増酒《さんぞうしゅ》」とも呼ばれた。

「日本酒は甘くてべたつく」という根強い誤解も、そこから生まれた。三増酒はそのままではアルコールが強すぎて酒としての味わいがない。そこで糖質や酸味料などを足して人工的に「酒らしい味」をつけた。それが悪い後味をもたらした。

そのような粗悪な酒でも庶民は飲み続けた。酒蔵も、材料の米が十分に仕入れられる

平和酒造のテイスティングルーム

ようになってからも、原材料を安く抑えることができるので、粗悪品を造り続けた。やがて消費者の舌が肥えはじめ、「辛口《からくち》の酒」が求められるようになる。一時期、「辛口」が日本酒の一番の売り文句になったのは、そうした歴史があるからだ。

現在は、「日本酒度」という数値が甘辛度合いを示すものとして用いられている。「+3」「-2」など数値で示しており、プラスが大きいほど糖度が低くなる。だいたい「+5」から「+10」くらいまでを辛口、マイナスが頭につけば甘口と考えられている。

ただし、これはあくまで参考値にすぎない。というのも、「日本酒度」は糖がアルコールに変わる発酵の状態を示す数値であり、造り手には重要な数値だが、味わいを示しているわけではない。「+6」の酒よりも「+4」の酒のほうが辛く感じられることもあるし、「-3」の酒でも甘口とは思えないものもある。

それにしても、こうした歴史を見ても、日本酒業界は凋落《ちょうらく》すべくして凋落したと思わざるをえない。粗悪な酒を何の抵抗もなく造ることがあってはならない。造り手自身がおいしさの価値を認識し、品質にこだわり続ける必要がある。

多様性を増す日本酒

日本酒の解説は本書のテーマではないが、本章の最後に、日本酒になじみのない読者

米の精米歩合をチェックし、米の粒あたりの重さを量る（千粒重《せんりゅうじゅう》）

のため、製造にかかわる部分だけでも概要を説明しておきたい。

かつて、日本酒は「特級酒」「一級酒」「二級酒」と分類されており、その等級に応じて税率も価格も違っていた。ところが、実際の品質はその基準に対応しておらず、じつにずさんな分類だった。

その結果、本来は米の精米歩合や製造法によって味に違いが出てくるのが日本酒であるにもかかわらず、「辛口」「甘口」としか表現されず、日本酒はワインと違って「選ぶ楽しみがない」と消費者に思わせてしまったのだ。

現在のような品質本位の分類が体系的になされるようになったのは、一九九二（平成四）年である。

現在の日本酒は、その製法によって、大きく本醸造、吟醸《ぎんじょう》、大吟醸、純米、純米吟醸、純米大吟醸などに分かれる。

純米酒とは米と米麴《こめこうじ》と水だけで造った酒を指す。本醸造酒はそれに醸造アルコールを加えたものだ。この添加物の存在により「純米酒以外はニセモノだ」といったネガティブキャンペーンが張られることになるのだが、現在の添加量はわずかで味を安定させる効果もあり、批判は必ずしも妥当ではない。しかし、地酒の酒蔵では純米に特化し、本醸造をやめるところが増えているのも事実である。

吟醸酒と大吟醸酒については精米歩合《せいまいぶあい》という数値の決まりがある。酒造りに用いる米は、玄米の状態から糠《ぬか》を削り取って白米にしていくが、そのときに多く削り落としたほうが、材料として必要な玄米量が増えるので、原材料費が高くなる。

具体的には、精米歩合が六〇パーセント（つまり玄米の四〇パーセントが削られる）以下のものを吟醸酒、五〇パーセント以下のものを大吟醸酒と呼ぶことになっている。

平和酒造の「純米吟醸」と「純米大吟醸」を飲み比べてもらえば、その味の違いは明らかだ。日本酒初心者が飲んでもはっきりとわかると思う。ただし、酒の味を左右する要素としては、現代では精米歩合よりも「酵母」のほうが重要である。

日本酒をつくる過程では、蒸した米に米麹を混ぜることででんぷんが糖に変化する。そして糖をアルコールに変えるのが酵母である〈181ページ図5〉。酵母は微生物の一種で、アルコール発酵には欠かせない。ビールにはビール酵母が、ワインにはワイン酵母が使われる。

ちなみに、この酵母は酒蔵に浮遊するものを使っているわけではない。昔の日本酒は「蔵付き酵母」と呼ばれるその蔵に浮遊する酵母で造っていたが、ほかの菌も混入するためうまく造れないことが多かった。そこで、一九〇六（明治三九）年から、日本醸造協会という公益財団法人が、酵母を配布し始めた。平和酒造の「紀土 純米酒」には「きょうかい7号」と呼ばれる酵母を、「紀土 純米吟醸」には「きょうかい9号」と呼ばれる酵母を用いている。

「きょうかい7号」も「きょうかい9号」もとてもメジャーな酵母だが、同じ酵母を使えば同じ味になるということではない。どの酵母をどのような状態の米に使うか、また発酵の温度管理をいかにするかといったところが、杜氏の腕の見せどころとなる。

また、最近開発された酵母のなかで人気なのが「きょうかい1801号」で、この酵母を使う蔵が増えてきている。この酵母はうまく使って作れば非常に華やかでフルーティーな香りのする酒になり、日本酒に抵抗感があった消費者も「あっ」と驚く酒になる。

平和酒造でも「紀土 大吟醸」や「紀土 純米大吟醸」に使用している。ただし、扱いの難しい酵母としても有名で、きちんと誘導をしないと発酵を途中で終えてしまうこともしばしばある。

平和酒造では使っていないが、リンゴ酸を多くつくる酵母もある。これを使うときれいな酸味が出る。ほかにもじつにさまざまな酵母がここ一〇年ほどで生まれてきている。県単位の技術センターでも酵母の研究開発が盛んだから、酵母という要素だけとっても、現代の酒造りの多様さがわかる。

図5　日本酒（清酒）の製造工程

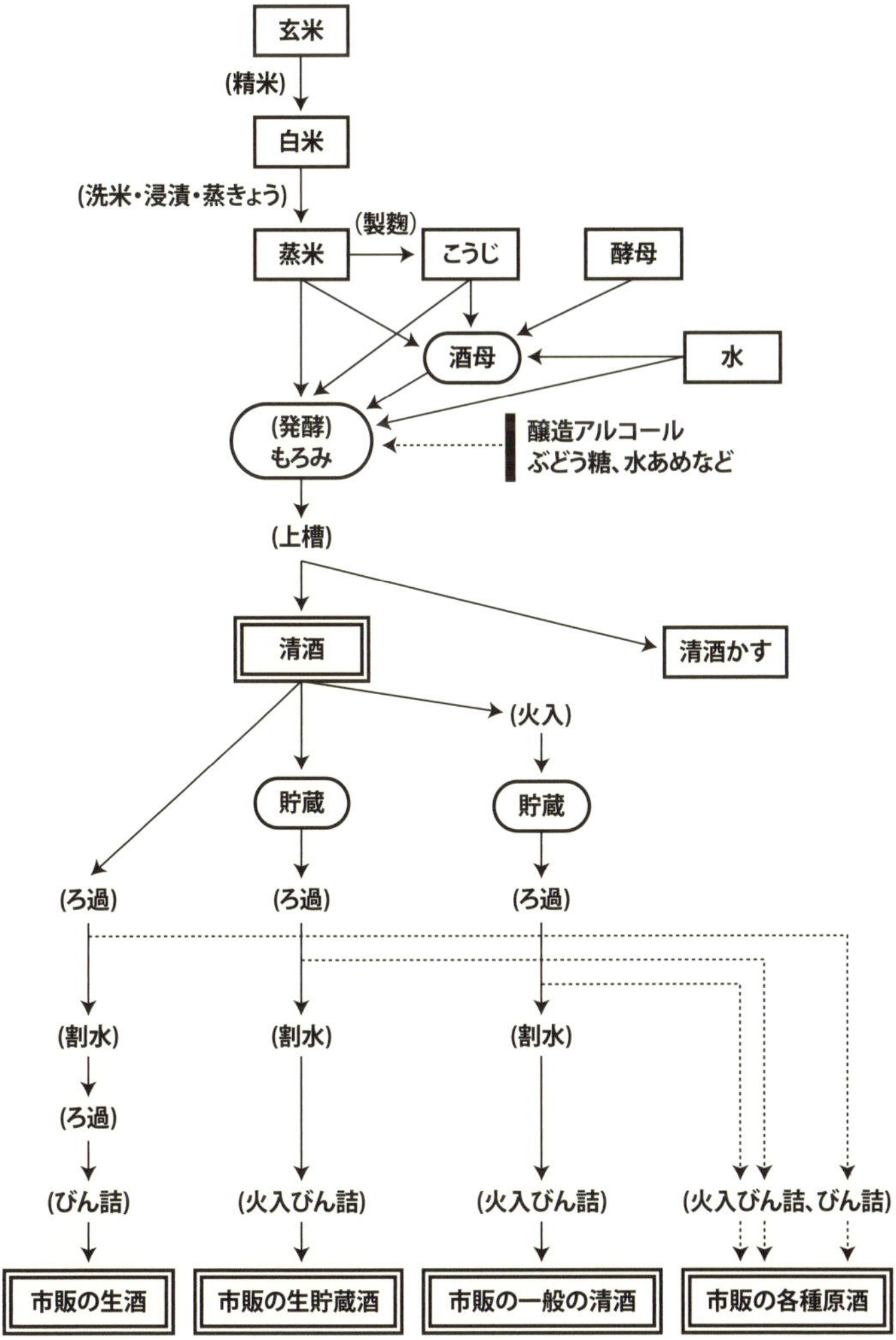

＊「酒のしおり」（国税庁、平成26年3月）より

酵母以外でも、近年研究開発が進んでいる酒米《さかまい》、そして酒造りの肝である麹づくりと麹菌、微発泡性の日本酒や低アルコールのスパークリング日本酒など、語りだしたらきりがないくらいに日本酒の技術の幅は広がり、面白くなっている。「日本酒が楽しいことを知らなければ損だよ」と言えるくらいだ。

前述したように、日本酒の正しい情報や魅力を伝えるために日本酒セミナーを継続的に開いている。Facebookなどで参加者を募集しているので、興味のある方はぜひ足をお運びいただきたい。ちなみにこの日本酒セミナーのサブタイトルは“sake culture is for everyone!!”である。

終　章　これからの時代の〈成功モデル〉を目指して

前世代の価値観とは距離を置く

悲観論でもなく楽観論でもなく、いまの日本経済の状況を非常に興味深く見ている。経済的成功をおさめたままで人口が減っていくモデルは世界的に見ても珍しい例ではないかと思う。

未知の世界に踏み込むときには、期待よりも不安のほうが大きくなるからだろうか。人口減がもたらすデメリットが語られることはあっても、メリットについて語られることはない。しかし実際は、メリットとデメリットのどちらが大きいのかは、だれにもわからない。私自身は、案外メリットがあるのではないかと思っている。

ただし、少子高齢化というモデルでは、国も産業も、これまでのような成長戦略は通用しないことはたしかだろう。価値観や幸福観は変わらざるをえないし、すでにそれらの多様化は始まっている。

先日、中国に行ってみて痛感したのは、日本と中国との違いだった。中国の人々は、「お金をたくさん持っている者が偉い」という価値観を全員が共有していたが、日本人にはそのような価値観の共有はない。むしろ、幸福の種類が一つではないということに気付いたということにおいて、日本のほうが成熟しているのだと思った。

今後、近い将来、中国やアジア諸国の台頭は必然だから、日本経済が相対的に低落することはほぼ間違いない。だとすれば、私たちは新たな価値観も許容しながら社会を作っていくべきではないか。それが実現したときに、現在とは異なる種類の日本の「経済力」が生まれるのだと思う。そのころには人工知能が急速に発達して、人間の労働の多くがコンピュータやロボットに取って代わられるかもしれない。

では、そのような時代のなかを、私たちはどのように働き、どのように生きていくことができるのだろうか。

本書の冒頭で、日本酒造りに可能性を感じていると書いた。それは、そのような時代を想像するからであり、人間によるものづくりが異彩を放ち、高付加価値を生むようになると考えているからだ。アナログなものや文化的なもの、伝統的なものなど、これまで評価されていなかったものへ回帰するような動きは必ず起こってくるだろう。

いい大学を卒業すれば、高収入が約束されていた時代は終わった。それを嘆き、これまでと同じようにあくまで経済発展を目指し、かたくなにこれまでの成功モデルを追いかけるのは古い。私の世代から下は、そもそも、日本経済が今以上に成長するとは思っていない。もちろん、高収入と安定を得るために、大企業に就職したいと考える若者は今でも多い。しかしその一方で、平和酒造で働く蔵人のように、これまでの大卒とはま

った く異なる価値観で職業を選ぶ若者も増えている。
彼らの夢や価値観に応えられる場をつくること、彼らが理想とするものづくりの場をつくることが平和酒造の使命であると考えている。それには、果てしない規模の拡大と成長の維持が宿命であるという、私たちの世代からすれば前世代の企業の価値観とは距離を置き、これからの時代の新しい「成功モデル」をつくらなければならない。

働くことは喜び以外の何物でもない

ものづくりの理想郷を実現するには、働くことの価値を蔵人たちと共有する必要がある。

食べ物を獲得し、命をつなぐ。それが本来の生きる目的であり、喜びであったはずだ。人間は進化によって文明と文化を手に入れたが、本質的な喜びに変わりはない。食べ物を獲る《と》行為が「働く」という行為に変わっただけだ。

私は酒を造り、買っていただくことで食べている。したがって、私にとって働くことは喜び以外の何物でもない。そして私は、働くことを喜びとしている人と一緒に仕事がしたい。

現実には、そういう人材は多くない。ほとんどが、働くことと喜びが連動していな

発酵のスターター「酒母《しゅぼ》」の攪拌《かくはん》作業

い。なぜ連動しないのだろうか。これまで働くことでつらい経験ばかりをしていたのだろうか。それとも、「働くことはつらいことだ」という周囲からの刷り込みがあったのだろうか。

一度でも仕事で楽しいことやうれしいことがあれば、脳がそれを記憶している。人間は楽しいことは自らすすんでやろうとするから、多少のつらさがあっても働こうとする。経験によるものか、刷り込みによるものかはわからないが、働くことをネガティブにとらえるのは、その人の脳内で「喜びの果実」が「奴隷的な苦役」に変わってしまったのだろう。

新卒採用を始めてから、彼らに「働くことはつらいこと」と感じさせない努力をしてきた。その成果なのか、彼らが入社前から持ち合わせていたのか、どんなに忙しくてもじつにいい表情を見せてくれることがある。

私は彼らのそんないきいきとした表情を見ると、この表情が続くような会社にしなければいけないと、責任を強く感じる。気持ちのいい笑顔で働く人が何人いるか、これは前職の人材派遣会社でも大切にしていたバロメーターだ。いい表情を見せる人がいると皆に元気が出る。チームに活気が宿る。それが回り回ってもとの人のところに届き、またその人の笑顔につながっていく。酒造りがいかに大変でも、そういう好循環を生み出

蔵の仕込み水での洗瓶作業。仕込み水はさまざまな用途で使われる

すのが私の役目だと考えている。

「ワークライフバランス」の怪しさ

「ワークライフバランス」が必要だと言われる。私はこの言葉そのものというより、使われ方に違和感がある。

だれにとっても一度しかない人生は大切だ。私たちが毎日働いているのも、幸せな人生を送りたいからだ。「仕事」と「人生」のバランスをとることの重要性については異論がない。

しかし、いまさかんにいわれている「ワークライフバランス」は、「仕事の量を減らして人生を楽しもう」という前提で語られている。つまりただの「私生活重視」ということだろう。ワークライフバランスなどと、カタカナで飾らずに言えばいい。

それともう一つ、気になることがある。この言葉には、仕事はつらいものであり、人生の楽しみを邪魔するものであり、働く時間が長いのは悪である、という前提が感じられる。

人生と仕事は切り離すことができない。前項で書いたように、私のような人間にとっては、働くことが喜びなのだ。大切な人生のなかに、大切な仕事がある。両立するとか、天秤《てんびん》にかけるとか、時間で切り分けるという類のものではない。

ワークライフバランスを唱える人は、人生の時間を「働く」ことと「楽しむ」ことに切り分けている。彼らにとって「働く」時間は、人生の時間から「楽しむ」を奪うものでしかない。しかし、そう考えた瞬間から仕事はひどく虚《むな》しいものになる。就労するであろう三五年間、牢獄に拘束されて苦役を強《し》いられるのと同じになってしまう。たとえ、ワーク時間を減らしたところで、牢獄の中で運動会や娯楽活動をやっているようなものだ。

私が考える働き方はそういうものではない。会社にいる時間が短かろうが長かろうが、その時間を輝かせることができたら、その人の人生も輝かせることになる。仕事が輝かないでいて人生が輝くはずはない。

こんなふうな私だから、当初家族から心配されて言われたことがある。

「仕事のできる人は、オンとオフを切り分けているものだと思うよ」と。

しかし私は明確に否定した。仕事が楽しくてしかたないから、四六時中仕事のことを考えている。来年はこんな酒を造ろう、こんなイベントをやってみようか、今度は蔵人たちにこんな経験をさせてやりたい……。仕事をしているときとは違う脳が働いているオフのときこそ、アイデアがわいてくるのだ。切り分けようと思っても無理がある。

本当にライフを輝かせたいと思うなら、やるべきはワークを減らす努力ではなく、ライフの大半を占めているワークそのものを輝かせることではないだろうか。

働く人にとっての理想郷が「ワークライフバランス」であるなら、それは私が思い描く「ものづくりの理想郷」とは程遠い。

未来へ「つづく」

この本に『ものづくりの理想郷』と大それたタイトルをつけた。現在の平和酒造がそうかといえば、とても言えない。ものづくりの理想郷とはどんなものか。私の中でもまだ明確な形になっていない。これだろうか、いや違う。それともあんな形だろうか……などと日々考えている最中だ。

これから新たに気づくこともあるだろうし、よりブラッシュアップしていきたい。平和酒造の全員が驕《おご》りや慢心《まんしん》がない状態で「これだ」と思えたときが、最も近いかもしれない。そのときは世界で一番の「ものづくり」企業になっているはずだ。

日本酒には「和醸良酒《わじょうりょうしゅ》」という言葉がある。和を大切にすることで良い酒造りができるという意味がある。仲良しクラブということではなく、各々の「個」の力を発揮しながら酒造りに一致団結できるチームを目指したい。私の役割は、メンバーがそれを実

杜氏と筆者。平和酒造の門前で

現するための舞台準備にすぎない。また、同じように「ものづくり」に取り組む同志的な存在として、全国各地に若い蔵元がいる。その蔵元たちと日本酒業界の底上げをしていくことも必要だろう。

私はおそらく理想家だ。この本でもそのような印象を与えてしまったかもしれない。「理想を言うのは簡単、行うのは難しい」、まさにそうだ。事実この理想を追うために多くの失敗があったし、しなくてもいい衝突があった。迷惑をかけたこともあった。目標を降ろしてもよかった。利益を上げるだけの経営は簡単だったはずだ。しかし、私は人生を捧げるつもりでこの酒蔵に帰ってきた。そんな私が、理想の旗を降ろすことはしたくない。一歩もひき下がりたくなかった。これからも理想を真っ直ぐに追い続けるだろう。

執筆するお話をいただいたときは非常に悩んだ。冒頭でも書いたが、まだ大した成功も収めていない私が書いていいのだろうかと思ったし、はたして読んでいただくにたる内容になるか不安でもあった。また執筆という行為は、自分が考えているすべてを外に吐き出すことでもあり、脳内をのぞき見られるような恥ずかしさもあった。しかし一方で、日本酒業界で起きていることや自分がやっていることを表現したいとも思った。それが少しでも日本酒業界や社会の活性化の一助になってくれればいいとも。

仕事に対する考え方の基礎は、前職の先輩や上司たちから教わった。和歌山に戻ってからは、お客様やマスコミやコンサルタントの方たちからいただく叱咤《しった》激励《げきれい》の言葉を力に理想を育《はぐく》んでいる。その理想に邁進《まいしん》するときには社員や家族に支えてもらっている。平和酒造に戻れたのも現社長の父が土台を作ってくれていたからだ。多くの人がいて、私は私のやりたい仕事をさせてもらっている。

その皆様と、今回のきっかけをくださった吉田純子様、若手経営者に執筆のチャンスと貴重なアドバイスを都度くださった松戸さち子様に感謝を申し上げます。

本当にありがとうございました。

日本酒業界の本格的な躍進が起きるかどうかは、東京オリンピックまでの五年が鍵《かぎ》だろう。最後のチャンスかもしれないが未来は変えられる。まだまだやることがある。私たち平和酒造の「ものづくり」にとってもだ。道のりは長い。

この本を次の言葉で締めくくりたい。

未来へ「つづく」。

[本文写真撮影・提供]
阿久津知宏
平和酒造
dZERO

[編集協力]
中村富美枝

著者略歴

平和酒造代表取締役専務。1978年、和歌山県に生まれる。京都大学経済学部を卒業後、ベンチャー企業を経て実家の酒蔵に入る。大手酒造メーカーからの委託生産や廉価な紙パック酒に依存していた収益構造に危機感を覚え、日本酒業界にあっては他に類をみない革新的組織づくりをするとともに、自社ブランドの開発・販売に力を尽くす。一方で、全国の若手蔵元と協力のもと、日本酒試飲会「若手の夜明け」を立ち上げ、2011年から代表をつとめる。代表的な銘柄は「紀土」と「鶴梅」。「紀土」大吟醸はIWC（インターナショナルワインチャレンジ）2014リージョナルトロフィーを受賞した。

ものづくりの理想郷《りそうきょう》
日本酒業界《にほんしゅぎょうかい》で今起《いまお》こっていること

著者　山本典正《やまもとのりまさ》

2014年12月21日　第1刷発行
2019年 8 月20日　第6刷発行

装幀　大島武宜
カバー・表紙写真　阿久津知宏

発行者　松戸さち子
発行所　株式会社dZERO
http://www.dze.ro/
千葉県千葉市若葉区都賀1-2-5-301　〒264-0025
TEL: 043-376-7396　FAX: 043-231-7067
Email: info@dze.ro

印刷・製本　モリモト印刷株式会社

ISBN978-4-907623-11-1 C0095